Nothing Is Impossible

想到
才能做到

博 文 编著

光明日报出版社

图书在版编目（CIP）数据

想到才能做到 / 博文编著 . -- 北京：光明日报出版社，2012.1（2025.4 重印）

ISBN 978-7-5112-1815-5

Ⅰ.①想… Ⅱ.①博… Ⅲ.①成功心理－通俗读物 Ⅳ.① B848.4-49

中国国家版本馆 CIP 数据核字 (2011) 第 225274 号

想到才能做到

XIANGDAO CAINENG ZUODAO

编 著：博 文

责任编辑：李 娟   责任校对：映 熙

封面设计：玥婷设计   责任印制：曹 净

出版发行：光明日报出版社

地 址：北京市西城区永安路 106 号，100050

电 话：010-63169890（咨询），010-63131930（邮购）

传 真：010-63131930

网 址：http://book.gmw.cn

E - mail：gmrbcbs@gmw.cn

法律顾问：北京市兰台律师事务所龚柳方律师

印 刷：三河市嵩川印刷有限公司

装 订：三河市嵩川印刷有限公司

本书如有破损、缺页、装订错误，请与本社联系调换，电话：010-63131930

开 本：170mm×240mm

字 数：203 千字   印 张：15

版 次：2012 年 1 月第 1 版   印 次：2025 年 4 月第 4 次印刷

书 号：ISBN 978-7-5112-1815-5-02

定 价：49.80 元

前言

PREFACE

　　这个世界上，很多事情只要你能想得到，下定决心去做，才能做到。大多数人认为不可能的事，少数人做到了，因此成功的总是少数人。大多数人遇到比较困难的事，就觉得无论如何也做不到，于是打起退堂鼓回避问题，根本不去想有没有解决的办法。而那些取得成功的少数人不会被困难吓到，他们总能迎难而上，积极思考，想办法克服困难。

　　我们每天都面临许多不确定的事情，如何在不确定的状况下，形成有效解决问题的思路，是个人价值的提升之道。生活工作没有思路不行，组织管理没有思路不行，企业经营没有思路不行……在逆境和困境中，有思路就有出路；在顺境和坦途中，有思路才有更大的发展。思路决定出路，有什么样的思路，就会有什么样的出路。对于普通人，思路决定自己一个人和一家人的出路；对于领导者，思路则决定一个组织、一个地方，乃至一个国家的出路。只有明确的思路，才能做出正确的事情。

　　一个人追求的目标越高，自身的潜能就发挥得越充分，成功也就越快。伟大的毅力只为伟大的目标而产生，没有远大目标的人只会变得慵懒，只会听天由命，永远不会去把握成功的契机。穷人与富人的差别不只是钱，还在于穷人生活在一种贫穷的思维中，而富人以特有的金钱观和行为模式，通过不懈的努力，让金钱为他们带来更多的金钱。每个人都有可能成为亿万富翁，在机遇面前人人都有机会。一生中，我们拥有许许多多选择人生的机会，关键在于我们的头脑中是否形成了正确的思路，并决心为之付出努力。

我们在事业、工作、人际关系、生活等方面都会遇到很多困难和难题，它们影响命运、决定成败。如何解决这些问题，需要正确的思路。本书旨在帮助读者找到成功的思路、塑造成功的心态、掌握成功的方法，在现实中突破思维定式，克服心理与思想障碍，确立良好的解决问题的思路，提高处理、解决问题的能力，把握机遇，能为人之不能为，敢为人之不敢为，从而开启成功的人生之门。

在这个世界上，没有人能替你思考，没有人能替你行动，没有人能替你成功——唯有你自己能。记住这句话：想到才能做到。

目录

CONTENTS

第一章　思路决定出路 ………………………………… 1

　　思路决定出路，观念决定前途，人的一生是一个不断变化和选择的过程。有的人能够不断地思考，积极地寻找新的思路去突破人生中的一个个难题；而那些缺乏思考的人，则逐渐落入平庸者的行列，成为人生跑道上的落伍者。

　　有什么样的思路，就会有什么样的出路。对于普通人，思路决定自己一个人和一家人的出路；对于领导者，思路则决定一个组织、一个地方，乃至一个国家的出路。

第二章　把"不可能"变为"可能" ⋯⋯⋯⋯⋯ 35

这个世界上没有做不到的事，只有还没有想到的事。大多数人认为不可能的事情，少数人做到了，因此成功的总是少数人。大多数人遇到比较困难的事，就觉得无论如何也做不到，于是打起退堂鼓回避问题，根本不去想有没有解决办法。那些取得成功的少数人不会被困难吓倒，他们总能迎难而上，积极思考，想办法克服困难，把"不可能"变为"可能"。

第三章　目标越高，成功越快·············· 79

仅仅拥有理想，你不一定能成功；但如果没有理想，成功对你而言就无从谈起。人之伟大或渺小都决定于志向和理想，伟大的毅力只为伟大的目标而产生。没有远大目标的人，只会变得慵懒，只会听天由命，永远不会去把握成功的契机，永远不会有所创造和发明。一个人追求的目标越高，自身的潜能就发挥得越充分，成功也就越快。

第四章　方法总比问题多 ···················· 115

方法和问题是一对孪生兄弟，世上没有解决不了的问题，只有不会解决问题的人。问题是失败者逃避责任的借口，因而他们永远不会成功。而那些优秀的人不找借口找方法，把问题当成机会和挑战，因而成为成功者。所以，当你遇到问题时，应坦然面对，勤于思考，积极转换思路，寻求问题的解决方法，最终你会发现：问题再难，总有解决的方法，方法总比问题多。

第五章　励志改变人生，打造强者心态………… 145

　　"英雄可以被毁灭，但是不能被击败"，强者意志的确立是十分重要的，其有无是我们的生命走向成功或失败的方向盘。在这个世界上，没有做不到的事情，只有还没有想到的事情，只要你能想得到，下定决心去做，就一定能做到；只要你有"野心"，有把"野心"贯彻到底的智慧和毅力，遇到困难时勇敢地去接受，而不是想着逃避，这样，便会离成功越来越近。

第六章　脑袋决定口袋，你可以成为亿万富翁··· 163

穷人和亿万富翁之间的根本区别就在于：穷人生活在一种贫穷的思维中，而亿万富翁以特有的金钱观念和行为模式，通过不懈的努力，让金钱为他们带来更多的金钱。

每个人都有可能成为亿万富翁，在机遇面前人人都有机会。学会像亿万富翁一样思考和行动，掌握亿万富翁的财富理念、理财技巧、赚钱之道，你也可以成为亿万富翁。

第七章　每个人其实都有过机遇 ………………… 213

古谚说得好，"机会老人先给你送上它的头发，当你没有抓住再后悔时，却只能摸到它的秃头了。"机遇是一个特别会伪装的家伙，它从不会高喊："我来了！"它也许还会乘你打瞌睡时从你身边溜过！你需要做的是时时刻刻做准备，并擦亮眼睛去观察。如果有人错过机会，多半不是机会没有到来，而是因为在等待的过程中没有看见机会到来，而且机会过来时，没有伸手去抓住它。

第一章

思路决定出路

　　思路决定出路，观念决定前途，人的一生是一个不断变化和选择的过程。有的人能够不断地思考，积极地寻找新的思路去突破人生中的一个个难题；而那些缺乏思考的人，则逐渐落入平庸者的行列，成为人生跑道上的落伍者。

　　有什么样的思路就会有什么样的出路。对于普通人，思路决定自己一个人和一家人的出路；对于领导者，思路则决定一个组织、一个地方，乃至一个国家的出路。

第一节
思路有多远，就能走多远

> 我们的思想是打开世界的钥匙。
>
> ——塞缪尔·麦克格罗什

生活是由思想造就的

生活是由思想造就的，每个人的命运完全取决于他们的思想，消极的思想将产生消极的生活，积极的思想则创造积极的生活。

戴尔·卡耐基先生说："如果我们想的都是快乐的念头，我们就会快乐；如果我们想的都是悲伤的事情，我们就会悲伤。"

生活的快乐与否，完全决定于一个人对人、事、物的看法如何。因为，生活是由思想造就的。

成功学家卡耐基曾参加过一个广播节目，要求找出"你所学到的最重要的一课是什么"。

这很简单，卡耐基认为自己学到的最重要的一课是：思想的重要性。只要知道你在想些什么，就知道你是怎样的一个人，因为每个人的特性，都是由思想造就的。每个人的命运，完全决定于他们的心理状态。塞缪尔·麦克格罗什说："我们的思想是打开世界的钥匙。"每一个人所必须面对的最大问题——事实上可以算是我们需要应付的唯一问题，就是如何选择正确的思想。如果我们能做到这一点，就可以解决所有的问题。曾经统治罗马帝国，本身又是伟大哲学家的马库斯·奥里亚斯，把这些总结成一句话——决定你命运的一句话："生活是由思想造就的。"

不错，如果我们想的都是快乐的事情，我们就能快乐；如果我们想的都是悲伤的事情，我们就会悲伤；如果我们想到一些可怕的事情，我们就会害怕；如果我们想的是不好的事情，我们恐怕就会担心了；如果我们想的净是失败，我们就会失败；如果我们沉浸在自怜里，大家都会有意躲开我们。诺曼·文生·皮尔说："你并不是你想象中的那样，而你却是你所想的。"

我们会发现，当我们改变对事物和其他人的看法时，事物和其他的人对我们来说就会发生改变。要是一个人把他的思想引向光明，他就会很吃惊地发现，他的生活受到很大的影响。一个人所能得到的，正是他自己思想的直接结果。有了奋发向上的思想之后，一个人才能努力奋斗，才能有所成就。如果我们的思想消极，我们就永远只能弱小而愁苦。

有一句名言："你希望自己成为什么样的人，你就会成为什么样的人。"人生就是"自我"不断实现的过程，自我实现的要求产生于自我意识觉醒之后，经历了"自我意识——自我设计——自我管理——自我实现"这样一个过程。如果把自我设计看做立志，那么自我管理便是工作，而自我实现就处在自我管理的过程中和终极点上。

人在一生中会做无数次的设计，但如果最大的设计——人生设计没做好，那将是最大的失败。设计人生就是要对人生实行明确的目标管理。如果没有目标，或者目标定位不正确，你的一生必然碌碌无为，甚至是杂乱无章。做好人生设计，必须把握两点：一是善于总结，一是善于预测。对过去进行总结和对未来进行设计并不矛盾。只有对自己的过去进行好好的回顾、梳理、反思，才能找出不足，继续发扬优势。这样，在进行人生设计时，才能扬长避短。而对未来进行预测，就是说要有前瞻性的观念和能力。缺少了前瞻性的观念和能力，人将无法很好地预见自己的未来，预见事物的动态发展变化，也就不可能根据自己的预见进行科学的人生设计。一个没有预见性的人，是不可能设计好人生、走好人生的。

还有一点必须记住，那就是设计好人生的前提是自知、自查。了解自己，了解环境，这是成功的前提条件。知己知彼，方能百战不殆。对自己有着清楚的了解与估量，才能有的放矢地进行人生设计。在知己知彼以后，需要对自己合理定位。人不是神，有很多不足和缺陷，对自己期望过低、过高都不利于自身成长。

但设计人生不能盲从，也不能一味地服从与遵循死理。设计目标是为了实现目标，而不是为了设计而设计。设计只是一种手段，而不是我们要的结果。因此，我们需要变通的设计，因事因时因地而变化。设计也不是屈服，设计的主动权要掌握在我们自己的手中——我的人生我做主，用自己手中的画笔在画布上画出美丽的图画。

要改变命运，先改变思路

人生就是一连串不断思考的过程，每个人的前途与命运，完全掌握在自己的手中，只要善于思考，获得正确的思路，成功就离你不再遥远。

我们不是没有好的机会，而是没有好的思路。思路影响并决定了人的精神和素质。在相同的客观条件下，由于人的思路不同，主观能动性的发挥就不同，产生的行为也就不同。有的人因为具备先进的思路，虽然一穷二白，却白手起家，出人头地；有的人即使坐拥金山，但由于思路落后，导致家道中落，最后穷困终生。

亿万财富买不来一个好思路，而一个好思路却能让你赚到亿万财富。为什么世界上所有的财富拥有者都能够在发现、捕捉商机上独具慧眼、先知先觉呢？根本原因就是他们思想上不保守，思路更新更快！

都说知识改变命运，事实上，真正改变人的命运是思路，仅凭知识是改变不了命运的！很多自诩才高八斗、学富五车的人不是一样穷困潦倒吗？

人的思想决定了人的言行举止，起着先导的作用。从奔月传说到载人宇宙飞船遨游太空，说到底都是思路更新、思想进步的结果。

思路超前，就能想别人之不敢想，为别人之不敢为，自然就能够发现别人视而不见的绝佳机会，获得成功自然是水到渠成的事。

市场经济的规律告诉我们：只有思路常新才有出路。成功的喜悦从来都是属于那些思路常新、不落俗套的人们。一堆木料，将它用来作燃料，分文不值；如果将它卖掉，能够卖出几十元；如果你有木匠的手艺，将它制作成家具再卖掉，能够卖出好几百块；如果你有高级木匠的手艺，将它制作成高级屏风卖掉，那就能够卖出几千元！

思路的更新是永无止境的。思路是创新的先导，需求是创新的动力。

现在有一句顺口溜：脑袋空空口袋空空，脑袋转转口袋满满。要想赚钱，就要勇于开拓、不断创新，为自身发展闯出更广阔的新天地。要问财富来自哪里，财富其实就在你的头脑里！人与人的最大差别是思想、思路，有的人长期走入赚钱的误区，一想到赚钱就想到开工厂、开店铺。这一想法不突破，就抓不住许多在他看来不可能的新机遇。

真正想一想，成功与失败，富有与贫穷，只不过一念之差。

要改变命运，先改变思路！

要想成功就要学会从多维的空间和一维的时间角度观察并思考人与环境的关系，善于从中认识自己，知道自己在环境里处在怎样的网络位置上。这种多维的取向并非是要你去尝试各种职业或各种生活方式，而是要你从个性的种种要素上充分地相信自己，培育自己，挖掘自己的能力。

多维思维可以使你发散式（如阳光四射）地或辐合式（如磁铁引力）地洞悉事物的内外联系。其中自然有以时间为参照物的回顾与展望，这样无论是微观或宏观对象都能以立体思维的方式，或精细分析，或综合体悟而获得解释和创见。当人以立体思维的视野和方式思考问题时，就能以最小的偏见或成见看问题，也能获得更多灵感和远见。

那么，怎样有意识地训练自己多维的思考能力呢？

多维思考问题，能够帮助我们突破思维的局限，扩大思维的视角，同时拓展思维的深度。我们要将自己的个性发展定位在全息的时空背景里，自己从每件小事做起，从每一条信息中看到有价值的部分，在每一个机会里安排下自己的目标，从自己的每一个念头里发现新的内容，在每一回冲动里感到自己的热情与意志，并在每一次行动中体验到自己的成长。这时我们会觉得"每一天的太阳都是新的"，世界充满了生机，我们有那么多的事要做，有那么多东西要学，可走的路四通八达，肯帮我们的人无处不在。

人生随时都可以重新开始

人的改变就在一瞬间，只要我们有一种强烈的要改变自我的意识，并下定决心，改变就会出现。一瞬间的改变可以成就一个人的一生，也可以毁掉一个人的一生。调整好思路，你的人生转机就在不远处。

只要你有一颗追求卓越的心，你的人生随时都能重新开始。

这个世界上不会有人一生都毫无转机，穷人可能会腾达为富人，富人也可能沦落为穷人。很多事情都是在一瞬间发生的。富有或贫穷，胜利或失败，光荣或耻辱，所有的改变都会在一瞬间发生。

CNN 的创始人特德·特纳，年轻时是一个有名的花花公子，从不安分守己，他的父亲也拿他没办法。他曾两次被布朗大学除名。不久，他的父亲因企业债务问题而自杀，他因此受到了很大的触动。他想到父亲含辛茹苦地为家庭打拼，他却在胡作非为，不仅不能帮助父亲，反而为父亲添了无数麻烦。他决定改变自己的行为，要把父亲留给自己的公司打理好。从此他变了一个人，成了一个工作狂，而且不断寻找机会，壮大父亲留下的企业，最终将ＣＮＮ从一个小企业变成了世界级的大公司。

禅宗讲求顿悟，认为人的得道在于顿悟，在于一刹那的开悟。其实人生也是这样，思想的改变就在一瞬间。当我们顿悟后，我们就能洞察生命的本质，将蕴藏在内心中的潜能都充分地发挥出来。

早年，鲁迅认为中国落后是因为中国人的体格不行，被称作东亚病夫，于是他去日本学习医学。但一次在课间看电影的时候，他看到日本军人挥刀砍杀中国人，而围观的中国人却一脸的麻木，当时其他的日本同学大声地议论："只要看中国人的样子，就可以断定中国必然灭亡。"鲁迅在思想上顿时发生了改变，他说："因此我觉得医学并非一件紧要事，凡是愚弱的国民，即使体格如何健全，如何茁壮，也只能做毫无意义的示众的材料和看客，病死多少是不必以为不幸的，所以我的第一要素是在改变他们的精神，而善于改变精神的是，我那时以为当然要推文艺，于是想提倡文艺运动了。"从此，鲁迅决定弃医从文，以笔为枪，去唤醒沉睡中的中国，中国也多了一位伟大的思想家和文学家。

一个人想要达到成功的巅峰，也需要顿悟，从你的内心深处升起的那份卓越的渴望，将会在瞬间改变你的一生。

一个人怎样给自己定位，将决定其一生成就的大小。志在顶峰的人不会甘于平地，甘心做奴隶的人永远也不会成为主人。

你可以长时间卖力工作，而且创意十足、聪明睿智、才华横溢、屡有洞见，甚至好运连连——可是，如果你无法在创造过程中给自己正确定位，不知道自己的方向是什么，一切都会徒劳无功。

所以说，你给自己定位什么，你就是什么，定位能改变人生。

一个乞丐站在路旁卖橘子，一名商人路过，向乞丐面前的纸盒里投入几枚硬币后，就匆匆忙忙地赶路了。

过了一会儿后，商人回来取橘子，说："对不起，我忘了拿橘子，因为你我毕竟都是商人。"

几年后，这位商人参加一次高级酒会，遇见了一位衣冠楚楚的先生向他敬酒致谢，并告诉商人：他就是当初卖橘子的乞丐。而他生活的改变，完全得益于商人的那句话——你我都是商人。

这个故事告诉我们：你定位于乞丐，你就是乞丐；当你定位于商人，你就是商人。

定位决定人生，定位改变人生。

汽车大王福特从小就在头脑中构想能够在路上行走的机器，用来代替牲口和人力，而全家人都希望他在农场做助手，但福特坚信自己可以成为一名机械师。于是他用一年的时间完成了别人要 3 年才能完成的机械师培训，随后他花两年多时间研究蒸汽机，试图实现自己的梦想，但没有成功。随后他又投入到汽油机研究上来，每天都梦想制造一部汽车。他的创意被发明家爱迪生所赏识，邀请他到底特律公司担任工程师。经过 10 年努力，他成功制造出了第一部汽车引擎。福特的成功，完全归功于他的正确定位和不懈努力。

在现实中，总有这样一些人：他们或因受宿命论的影响，凡事听天由命；或因性格懦弱，习惯依赖他人；或因责任心太差，不敢承担责任；或因惰性太强，好逸恶劳；或因缺乏理想，混日为生……总之，他们做事低调，遇事逃避，不敢为人之先，不敢转变思路，而被一种消极思想所支配，甚至走向极端。

也许，每个人对成功的理解都有所不同，但无论你怎样看待成功，你必须正确定位自己。

思路有多远，就能走多远

一个成功的人，必然是一个具有长远眼光的人。用锐利的眼光洞察现实，预见未来的发展方向，就能使你摆脱困境，走向成功。

一个人要想成就一番大的事业，必须树立远大的理想和抱负，有深远的思想和广阔的视野，按照既定的目标，坚持不懈，到最后，他一定会获得成功。

拿破仑·希尔讲过这样一个故事：

爱诺和布诺同时受雇于一家超级市场，开始时大家都一样，从最底层干起。可不久爱诺受到总经理青睐，一再被提升，从领班直到部门经理。布诺却像被人遗忘了一般，还在最底层混。终于有一天布诺忍无可忍，向总经理提交辞呈，并痛斥总经理不公平，辛勤工作的人不提拔，倒提升那些吹牛拍马的人。

总经理耐心地听着，他了解这个小伙子，工作肯吃苦，但似乎缺少了点什么，缺什么呢？总经理忽然有了个主意。

"布诺先生，"总经理说，"你马上到集市上去，看看今天有什么卖的。"

布诺很快回来说，集市上只有一个农民拉了车土豆在卖。

"一车大约要多少钱，有多少斤？"总经理问。

布诺又跑去，回来说有10袋。

"价格多少？"

布诺再次跑到集市上。

总经理望着跑得气喘吁吁的布诺说："请休息一会吧，看爱诺是怎么做的。"

说完，总经理叫来爱诺，对他说："爱诺先生，你马上到集市上去，看看今天有什么卖的。"

爱诺很快从集市回来了，汇报说到现在为止只有一个农民在卖土豆，有 10 袋，价格适中，质量很好，他带回几个让总经理看。这个农民过一会儿还将弄几筐西红柿出售。爱诺认为西红柿的价格还算公道，可以进一些货。这种价格的西红柿总经理可能会要，所以，他不仅带回了几个西红柿做样品，而且把那个农民也带来了，现在正在外面等着回话呢！

总经理看了一眼红了脸的布诺，对爱诺说："请他进来。"

爱诺由于比布诺多想了几步，所以在工作上取得了较大的成功。

在现实生活中，远见卓识将给你的生活和工作带来极大的好处。

凯瑟琳·罗甘说："远见告诉我们可能会得到什么东西，远见召唤我们去行动。心中有了一幅宏图，我们就从一个成就走向另一个成就，把身边的物质条件作为跳板，跳向更高、更好的境界。这样，我们就拥有了无可衡量的永恒价值。"

远见会给你带来巨大的利益，会为你打开不可思议的机会之门。

远见会发掘你人生发展的潜力。要知道，一个人越有远见，他就越有潜能。

一方面，远见会使你的工作与生活轻松愉快。

成就令人生更有乐趣。它赋予你成就感，赋予你乐趣。当那些小小的成绩为更大的目标服务时，每一项任务都成了一幅更大的图画的重要组成部分。

另一方面，远见会给你的工作增添价值。

同样，当我们的工作是实现远见的一部分时，每一项任务都具有价值。哪怕是最单调的任务也会给你满足感，因为你看到更大的目标正在实现。

一个想要成功的人，必须是一个具有远见的人。

缺乏远见的人可能会被等待着他们的未来弄得目瞪口呆，变化之风会把他们刮得满天飞。他们不知道会落在哪个角落，等待他们的又是什么。

如果你有远见，那么你实现目标的机会将会大大增加。美国商界有句名言："愚者赚今朝，智者赚明天。"一切成功的企业家，每天必定用 80% 的时间考虑企业的明天，20% 的时间处理日常事务。着眼于明天，不失时机地发掘或改进产品或服务，满足消费者新的需求，就会独占鳌头，形成"风景这边独好"的局面。

19 世纪 80 年代，约翰·洛克菲勒已经以他独有的魄力和手段控制了美国的石油资源，这一成就主要受益于他那从创业中锻炼出来的预见能力和冒险胆略。1859 年，当美国出现第一口油井时，洛克菲勒就从当时的石油热潮中看到了这项风险事业的前景良好。他在与对手争购安德鲁斯－克拉克公司的股权中表现出了非凡的冒险精神。拍卖从 500 美元开始，洛克菲勒每次都比对手出价高，当达到 5 万美元时，双方都知道，标价已经大大超出石油公司的实际价值，但洛克菲勒满怀信心，决意要买下这家公司。当对方最后出价 7.2 万美元时，洛克菲勒毫不迟疑地出价 7.25 万美元，最终战胜了对手。

年仅 26 岁的洛克菲勒开始经营起当时风险很大的石油生意。当他所经营的标准石油公司，在激烈的市场竞争中控制了美国市场上炼制石油的 90% 时，他并没有停止冒险行为。19 世纪 80 年代，利马发现一个大油田，因为含碳量高，人们称之为"酸油"。当时没有人能找到一种有效的办法提炼它，因此一桶只卖 15 美分。洛克菲勒预见到这种石油总有一天能找到提炼方法，坚信它的潜在价值是巨大的，所以执意要买下这个油田。当时他的这个建议遭到董事会多数人的坚决反对，洛克菲勒说："我将冒个人风险，自己出钱去购买这个油田，如果必要，拿出 200 万、300 万。"洛克菲勒的决心终于迫使董事们同意了他的决策。结果，不到两年时间，洛克菲勒就找到了炼制这种酸油的方法，油价由每桶 15 美分涨到 1 美元，标准石油公司在那里建造了当时世界上最大的炼油厂，赢利猛增到几亿美元。

　　远见使人们在人类的巨大画卷中洞察到未来的情景。只有看到别人看不见的事物的人，才能做到别人做不到的事情。远见是成功者必备的素质之一，每一个渴望成功的人都要有意识地培养自己的远见能力。

　　如果你认定自己不能成功，就局限了自己的远见。你应该开动脑筋，敢于有伟大的理想，试一试你的最大能力。不管出现什么问题、逆境或者障碍，只要长期不懈地努力，就能实现自己的梦想。

　　现实生活中的远见卓识将给我们的生活带来极大的价值。谁要想在成功路上走得更远，谁就应把眼光放得再远一点。

第二节

想到才能做到

> 　　眼睛所到之处，是成功到达的地方，唯有伟大的人才能成就伟大的事，他们之所以伟大，是因为他们决心要做出伟大的事。
>
> ——戴高乐

有"智"者，事竟成

　　智慧是事业的平台。站在高高的智慧平台上，能见常人所未见，能识常人所未识，自然也能成常人所不能成之事。

　　在市场经济中，企业之间的竞争尤为激烈。从经济发展的过程来看，企业竞争的重点不断发生转移，并且出现了三个不同的竞争阶段。

在第一阶段，企业的规模都比较小，它们重点进行的是物质领域的竞争，争原料、争设备、争市场。因为这些东西与企业效益直接相关。

在第二阶段，企业看到了"物"是死的，而人是活的，企业有了人才就能迅速发展。于是人才竞争成为企业竞争的重点，许多大公司使尽一切方法招揽人才。

在第三阶段，企业认识到"人才"分为两种，一种是技术型的，另一种是思路型的。前者请来就能用，马上见效益，而后者尽管投资大、收效慢，但却能够对企业的整体效益和长远发展产生无法估量的价值。于是，思路型人才在市场上成为竞争热点，咨询、策划、顾问成了时髦的行当，而"点子大王"一时也成为人们的热门话题。

公司的老板们直接在竞争的第一线搏杀，他们深谙"有'智'者，事竟成"的道理。因此，他们对善于思考、具有超凡智慧的人是非常欢迎的，求贤若渴。因为他们中的许多人本身就是智者，他们也正是因为具有比一般人高的智慧才成就一般人无法达成的事业。

有这样一个故事：在一次盛大的宴会上，中国人、俄国人、法国人、德国人、意大利人争相夸耀自己民族的文化传统，唯有美国人笑而不语。为了使自己的表述更加形象，更有说服力，他们纷纷拿出具有民族特色、能够体现民族悠久历史的实物——酒。中国人首先拿出古色古香、做工精细的茅台，打开瓶盖，顿时香气四溢，众人纷纷称赞。紧接着，俄国人拿出了伏特加，法国人拿出了大香槟，意大利人亮出葡萄酒，德国人取出威士忌。最后，大家都看着美国人，美国人不慌不忙地站起来，把大家先前拿出的各种酒都倒出一点，兑在一起，说："这叫鸡尾酒，它体现了美国的民族精神——博采众长，综合创造。我们随时准备召开世界文明智慧博览会。"

在全球化的今天，不仅经济、信息无国界，就连知识、文明智慧也在融合之中派生出林林总总的"鸡尾酒"来。智慧是战胜一切的武器，而汇集新有的智慧则是战无不胜的超常规武器。"有志者,事竟成"、"志在必得"的观念必将被"有智者,事竟成"、"智在必得"所替代!

要解决问题,固然需要小聪明,但更需要大智慧。

有的人自认为聪明,结果往往"聪明反被聪明误",轻则丧失机会,重则造成无法估量的损失。因为他们的所谓聪明,往往是打败自己的武器!而有些看来很"傻"的人,偏偏拥有人生最大的智慧,取得很大的成功。

能否掌握得失的辩证法,是有大智慧还是只有小聪明的重要区别。

曾任 UT 斯达康(中国)公司总裁兼首席执行官的吴鹰,说过这样一句话:"聪明不一定成功。"

吴鹰曾经被《商业周刊》评选为拯救亚洲金融危机的 50 位亚洲之星之一。2001 年 3 月,UT 斯达康在美国纳斯达克成功上市,当天市值近 70 亿美元。吴鹰为何能够成功?他说,在美国的一次求职的经历,对他的影响很大。

1986 年,他曾应聘给一位著名教授当助教。这是一个很多人羡慕的职位,收入丰厚,又不影响学习,还能接触到最先进的科技资讯。经过层层筛选,最后取得报考资格的各国学者有 30 人,他是其中之一,但他觉得成功的希望十分渺茫。

考试前几天,有几位中国留学生使尽浑身解数,打探主考官也就是那位著名教授的情况。几经周折,他们探听到了一个出人意料的内幕——教授曾在朝鲜战场上当过中国人的俘虏!中国留学生们这下全死心了。"将时间花在不可能的事情上,真是愚蠢不过了!"他们纷纷宣告退出。只有吴鹰还是如期参加了考试,考场上,他显得落落大方,对答如流,完全融入到助教这个角色中。

"OK,就是你了!"教授在给了吴鹰一个肯定的答复后,又微笑着说,"你知道我为什么录取你吗?其实你在应试者中并不是最好的,但你不像你的那些同学,他们看起来好像很聪明,其实非常愚蠢。你们是为我工作，只要能给我当好助手就行了，还扯上几十年前的事干什么？我很欣赏你的勇气，这就是我录取你的原因！"

后来吴鹰又听说，教授当年确实做过中国军队的俘虏，但中国士兵对他很好，根本没有为难过他，他至今还念念不忘。

中国历史上被人们称颂的总是有智慧的人，不聪明的人绝不会受到尊重。眼下很多中国人的聪明往好处说是小聪明，往坏处说是聪明反被聪明误。一位企业家曾经说过，南方人卖一件商品赚到自己该赚的那部分利润就很满足了，他不介意你通过这件商品又赚到多少，你能赚得多，是你的本事；而在北方有的地方做生意，那里的人就非常在乎对方赚多少，如果对方赚得比自己多，就不平衡，就要耍小聪明，这样一来，生意自然做不下去。小聪明多了，不仅害人而且害己。

智慧与成功是密不可分的。耍小聪明的人只能小打小闹，难成气候，只有大智慧的人，才能获得人生的成功。

思路比刻苦更重要

卓越者，必是重视方法之人。他们相信凡事必有方法解决，看似困难的事情，只要用心去寻找方法，必定有所突破。

我们无一例外地被教导过，做事情要有恒心和毅力，比如"只要努力，再努力，就可以达到目的"等的说法，我们早已十分熟悉了。你如果按照这样的准则做事，你常常会不断地遇到挫折并产生负疚感。由于"不惜代价，坚持到底"这一教条的原因，那些中途放弃的人，就常常被认为"半途而废"，令周围的人失望。

正是因为这个教条，使我们即使有捷径也不去走，而去简就繁，并以此为美德，加以宣扬。正确的方法比执著的态度更重要。我们应该调整思维，尽可能用简便的方式达到目标。你应该选择用简易的方式做事。

　　销售经理对业务受挫的推销员经常说："再多跑几家客户！"父母对拼命读书的孩子常说："再努力一些！"但是这些建议都存在一个漏洞。就像有人曾经问一位高尔夫球高手："我是不是要多做练习？"高尔夫球高手却回答道："不，如果你不先把挥杆要领掌握好，再多的练习也没用。"

　　如果有人准备学打高尔夫球这种难度极高的运动项目，他将为设备、附件、教练和训练花上大笔的金钱，他还会将昂贵的球杆时而打进池塘，他也常常会遭受挫折。如果他学习高尔夫球的目的是成为一位高尔夫球好手，那么这些投入是十分必要的。而且他还必须持之以恒，才会达到自己的目的。

　　但是，如果他的目标是为了每周运动两次，减轻几斤体重并加以保持，使自己神清气爽的话，他最好放弃高尔夫球，在住宅附近快步走就足够了。如果他在拼命练习了一个月或两个月的高尔夫球之后，渐渐认识到这一点，他放弃高尔夫球，开始进行快步走的锻炼方式，我们应该怎样评价他呢？说他是一个没有恒心、半途而废的人？还是说他非常有自知之明？他是成功者抑或失败者？

　　总体来说，设定目标十分有意义，毕竟，对自己的人生方向有明确的认识是非常重要的。可是现实中人们总是看重如何达到目标的过程，因而失去了很多好机会。他们还认为要达到目标一定要经受大量的毅力考验，即使有捷径可走，他们仍要选择艰辛的过程。

　　有一位年轻人，10多年前在一家建筑材料公司当业务员。当时公司最大的问题是如何讨账。公司产品不错，销路也不错，但产品销出去后，总是无法及时收到款。有一位客户，买了公司10万元产品，但总是以各种理由迟迟不肯付款，公司派了3批人去讨账，都没能拿到货款。当时他刚到公司上班不久，就和另外一位姓张的员工一起，被派去讨账。他们软磨硬磨，想尽了办法，最后，客户终于同意给钱，叫他们过两天来拿。

　　两天后他们赶去，对方给了一张10万元的现金支票。他们高高兴兴地拿着支票到银行取钱，结果却被告知，账上只有99920元。很明显，对方又耍了个花招，给的是一张无法兑现的支票。第二天就要放春节假了，如果不能及时拿到钱，不知又要拖延多久。

遇到这种情况，一般人可能一筹莫展了，但是他突然灵机一动，拿出100元钱，让同去的小张存到客户公司的账户里去。这一来，账户里就有了10万元。他立即将支票兑现。当他带着这10万元回到公司时，董事长对他大加赞赏。之后，他在公司不断发展，5年之后当上了公司的副总经理，后来又当上了总经理。

这个精彩的讨账故事再次证明，思路比盲目的执著精神重要。在工作和生活中，我们不可能总是一帆风顺的，当遇到难题的时候，绝对不应该一味下蛮力去干，要多动些脑筋，看看自己的思路是不是正确。

成功的人找思路，失败的人找借口。面对困难，我们需要积极地寻找解决问题的思路，而不是用借口来敷衍。关键时候的冷静有助于发现思路，事情会有所转机，相信柳暗花明又一村总会来到。

寻找解决问题的最优思路并非易事，它要求我们不断开动脑筋，不断开拓创新，同时也可以借鉴或模仿成功者的经验。下面一些寻求最优思路的途径可供借鉴：

第一，换成简单的语言。

错综复杂的问题都可以分解成简单的问题或语言。

例如，总销售量是25873892美元，成本是14263128美元。

如果科长问成本占销售量的百分之几，就可以简单方式表示，即把销售量看成是25，把成本看成是14，得出14∶25。这样就可推测出成本约占销售量的55%。无论什么问题，只要把它简单化就容易找到解决的办法。

第二，把别人的终点当做自己的起点。

博古通今、多才多艺的里欧纳尔德·文奇说："不能青出于蓝的弟子，不算是好弟子。"

科学家皮耶·艾维迪也说："比起史坦因、莱兹等科学界的巨人，我们只能算是小人物。但站在巨人肩上的小人物，却能比巨人看得更远。"皮耶在钻研新课题时，常把与研究题目有关的资料收集到手，然后加以阅读和研讨。

第三，学习别人的做法。

比如要推出新式录音机该怎么做？假如本身缺乏这方面的经验，若完全靠自己的构思，不仅浪费时间，还会出错。经营录音机的公司总有好几家，是消息的最好来源。但不能依样画葫芦，而是利用先进的既有经验来完善自己的构思。不论面临什么问题，都要看看人家是怎么解决问题的，然后再加以改善。

第四，使用淘汰法。

有时因为解决问题的思路过多，反而不知如何取舍。可以采取淘汰法，把不好的逐一去掉。

例如跳舞比赛，如果一次想从舞者中选出优胜者是很困难的，因此便采取淘汰法。每次评审一组，有缺点就退场，这样陆续淘汰直至两组，最后剩下优胜的一组。当你要从几个东西中选出最喜欢的时候，把不喜欢的逐一淘汰，事情就变得容易了。

第五，向别人说明。

能否提出更新更好的解决思路，这与了解问题的程度有关。为了验证自己的想法，最好将计划向第三者提出。

从成功的角度来讲，两点之间的最短距离并不一定是条直线，而可能是一条障碍最小的曲线。我们必须养成寻找思路而不惧怕困难的习惯，并且力争做到最好。

积极思考才有出路

积极思考是一种智慧力量，如果一件事不经过思考就去做，那肯定是鲁莽的，除非你特别的幸运。但幸运并不是时时光顾的，所以，最保险的办法是"三思而后行"。但"思"并不是件简单的事，思考也有它的特点和方法。成大事者都有自己独特的思考方法。

思考习惯一旦形成，就会产生巨大的力量。19 世纪美国著名诗人及文艺批评家洛威尔曾经说过："真知灼见，首先来自多思善疑。"

大凡成就伟大事业的人，都凭借了一种积极的思考力量，凭借着创造力、进取精神和激励人心的力量在支撑和构筑着所有成就。一个精力充沛、充满活力的人总是创造条件使心中的愿望得以实现。要知道，没有任何事情会自动发生。

从前有个小村庄，村里除了雨水没有任何水源。为了解决这个问题，村里的人决定对外签订一份送水合同，以便每天都能有人把水送到村子里。有两个人愿意接受这份工作，于是村里的长者把这份合同同时给了这两个人。

得到合同的两个人中有一个叫艾德，他立刻行动了起来。每日奔波于十几里外的湖泊和村庄之间，用他的两只桶从湖中打水并运回村庄，并把打来的水倒在由村民们修建的一个结实的大蓄水池中。每天早晨他都必须起得比其他村民早，以便当村民需要用水时，蓄水池中已有足够的水供他们使用。由于起早贪黑地工作，艾德很快就开始挣钱了。尽管这是一项相当艰苦的工作，但是艾德很高兴，因为他能不断地挣钱，并且他对能够拥有两份专营合同中的一份而感到满意。

另外一个获得合同的人叫比尔。令人奇怪的是自从签订合同后比尔就消失了，几个月来，人们一直没有看见过比尔。这点令艾德兴奋不已，由于没人与他竞争，他挣到了所有的水钱。

比尔干什么去了？ 原来他通过积极地思考做了一份详细的商业计划书，并凭借这份计划书找到了 4 位投资者，和比尔一起开了一家公司。6 个月后，比尔带着一个施工队和一笔投资回到了村庄。花了整整一年的时间，比尔的施工队修建了一条从村庄通往湖泊的大容量的不锈钢管道。

这个村庄需要水，其他有类似环境的村庄一定也需要水。于是经过考察，比尔重新制订了他的商业计划，开始向全国的村庄推销他的快速、大容量、低成本并且卫生的送水系统，每送出一桶水他只赚1便士，但是每天他能送几十万桶水。无论他是否工作，几十万的人都要消费这几十万桶的水，而所有的这些钱便都流入了比尔的银行账户中。显然，比尔不但开发了使水流向村庄的管道，而且还开发了一个使钱流向自己的钱包的管道。

从此以后，比尔幸福地生活着，而艾德在他的余生里仍拼命地工作，最终还是陷入了"永久"的财务问题中。

多年来，比尔和艾德的故事一直指引着人们。每当人们要做出生活决策时，这个故事都能够提醒我们，"磨刀不误砍柴工"，积极的思考比苦干更重要。

综观古今，勤奋的人不计其数，但在事业上获得成功的人却不是很多。那是因为很多人都不能积极地思考。与此相反，如果你能在日常的生活与工作中养成积极思考的习惯，你会发现人生的出路很多，成功绝对不只是梦想。

消极思想就像一个恶魔，其致命和深植人心的程度，较之各种形式的恐惧有过之而无不及。我们必须认真地为自己的心灵设防，保护自己不受这个恶魔的侵害。

你可以设法抵御来自劫匪的欺侮，法律为你的权益提供了保障。但消极思想这个恶魔却难对付得多，它常常蹑手蹑脚悄悄来袭，它的武器是无形的，完全由心态造成，它的面貌正如人类的经验一样种类繁多。但我们必须认清它的真面目，它其实就是人本身的心态在作祟。

无论消极思想的影响是你自己造成的，还是你身边消极人物的活动所导致的，为了保护你自己，你要有足够的意志力，运用这种意志力在心中筑起一道围墙，使你对消极思想产生免疫力。

不幸的是，对于劫匪的欺侮人们都会自觉地反抗，但对于消极思想的侵犯，却很少有人去注意。

具有消极思想的人想去说服爱迪生，让他相信造不出一种可以记录和复制人声的机器，因为从来没有人制造过这样的机器。爱迪生对此置之不理，他知道自己可以制造出任何心灵构思出来并有理论依据的东西来。

具有消极思想的人告诉伍沃滋，如果他想开一家只卖 5 分钱、10 分钱商品的店他就会破产。伍沃滋不予理睬，他知道，只要他的计划由信心做后盾，他可以在理性的范围内办成所有的事情。最后他累积了上亿美元的资产。

你若不去主宰自己心灵，就容易被别人主宰，受到别人的消极影响。

你要远离消极思想，否则成功就遥不可及。

塞缪尔·斯迈尔斯认为要使成功的金科玉律成为自己的法则，就必须养成肯定事物的习惯。如果不能做到这点，即使潜在意识能产生很好的作用，还是无法实现愿望。相对于肯定性的思考的，就是否定性的思考。凡事以积极的方式即是肯定，而以消极的方式则是否定。

人类的思考往往容易向否定的方面发展，所以肯定思考的价值愈发重要。

如果经常抱着否定想法，必然无法期望理想人生的降临。有些嘴里硬说没有这种想法的人，事实上已经受到潜在意识的不良影响了。

有些人经常这样否定自己："凡事我都做不好"，"过去屡屡失败，这次也必然失败"，"人生毫无意义可言，整个世界只是黑暗"，"没有人肯和我结婚"，"我是个不擅交际的人"……抱有这种想法的人，往往都不快乐。

当我们向他问及此种想法由何产生时，得到的回答多半是："这是认清事实的结果。"尤其对于罹患忧郁症者而言，他们均会异口同声地说："我想那是出于不安与忧虑吧！我也拿自己没办法。"

然而，只要换一个角度去想，现实并不如你所想象的那么糟，例如有些人会想："我虽然一无是处，但也过得自得其乐，不是吗？"有了乐观而积极的想法，肯定自我，你才会找到新的方向和意义。

培养正确思考的能力

所有计划、目标和成就，都是正确思考的产物。你的思考能力，是你唯一能完全控制的东西，你可以以智慧，或是以愚蠢的方式运用你的思想，但无论如何运用它，它都会显现出一定的力量。

没有正确的思考，是不会克服坏习惯的，如果你不学习正确的思考，是绝对防止不了挫败的。

奥里森·马登认为，一个人的工作效能与生活质量是以正确的思想方法为基础的。所以，如果你想让自己成为一名成功人士，提高自己的做事效率，就必须培养并具备正确的思想方法。

纳克博士认为能够把这个世界变成更理想的生活空间，全靠创造性的思考。

纳克博士是美国的大教育家、哲学家、心理学家、科学家和发明家，他一生中在各种艺术和科学上有许多发明，有许多发现。纳克博士的个人经历证实，他锻炼脑力和体力的方法可以培养健康的身体并促进心智的灵活。

奥里森·马登曾带着介绍信前往纳克博士的实验室去造访他。

当奥里森·马登到达时，纳克博士的秘书对他说："很抱歉，这个时候我不能打扰纳克博士。"

奥里森·马登问："要过多久才能见到他呢？"

秘书回答："我不知道，恐怕要3小时。"

奥里森·马登继续问："请你告诉我为什么不能打扰他，好吗？"

秘书迟疑了一下，然后说："他正在静坐冥想。"

奥里森·马登忍不住笑了："那是怎么回事——静坐冥想？"

秘书笑了一下说："最好还是请纳克博士自己来解释吧！我真的不知道要多久，如果你愿意等，我们很欢迎；如果你想以后再来，我可以留意，看看能不能帮你约一个时间。"奥里森·马登决定等待。

当纳克博士终于走出实验室时，他的秘书给他们作了介绍。奥里森·马登开玩笑地把他秘书说的话告诉他。在看过介绍信以后，纳克博士高兴地说："你不想看看我静坐冥想的地方，并且了解我怎么做吗？"

于是他带着马登到了一个隔音的房间。这个房间里唯一的家具是一张简朴的桌子和一把椅子，桌子上放着几本白纸簿、几支铅笔以及一个开关电灯的按钮。

在谈话中，纳克博士说，每当他遇到困难而百思不解时，就走到这个房间来，关上房门坐下，熄灭灯光，让身心进入深沉的集中状态。他就这样运用"集中注意力"的方法，要求自己的潜意识给他一个解答，不论什么都可以。有时候，灵感似乎迟迟不来；有时候似乎一下子就涌进他的脑海；更有些时候，得花上两小时那么长的时间它才出现。等到念头开始清晰起来，他立即开灯把它记下。

纳克博士曾经把别的发明家努力钻研却没有成功的发明重新加以研究，并使之日臻完美，因而获得了200多项专利权。他的成功秘诀就在于，能够完善那些欠缺的部分。

纳克博士特别安排时间来集中心神思索，寻找另外一点。对于这个"另外一点"，他很清楚自己要什么，并立即采取行动，因而他获得了成功。

要学会正确思考首先要学会控制自己的思想。卡耐基认为，思想是一个人唯一能完全控制的东西。因为你的思想会受到周围环境的影响，所以，你必须有着一套科学有序的流程，来控制这些影响因素。为此，奥里森·马登对思维流程做出了科学的解释，将正确思维归于以下4点。

1. 发现问题

"发现问题"是整个思维过程中最困难的一部分。要知道,在你提出问题之前,你不可能知道你要寻找的是什么解决方法,更不可能解决这个问题。

2. 分析情阅

一旦你找出这个问题后,你就要从所处环境中发现尽可能多的线索。

在分析情况的过程中,你寻找的是具体的信息资料。你不要被一开始就找到问题的解决办法和答案所诱惑,而漏掉了别的办法。你应该强迫自己去寻找有关的信息资料,直到你觉得自己已仔细并准确地分析了这种情况之后,再做出判断。

3. 寻找可行的解决方法

一旦你找出了问题、分析了情况之后,你就可以开始寻找解决问题的办法。同样,你也要避免那些看起来似乎很好的答案。

在这一步骤中创造性是很重要的。除了那些一眼就看出似乎有道理的解决办法之外,你还要寻找其他的办法,尤其在采纳现成的方案时要特别留心。如果别人也探讨过同样的问题,而且其解决办法听起来也适合于你的情况时,就要仔细判断一下当时的情况与你的情况究竟相同在何处。

注意,不要采用那些还没有在你这种情况下检验过的解决方法。

4. 科学验证

很多人到了上一步就停止了,这其实是不完整的,因而也是不科学的。

一旦解决办法找到了,你就要对其进行检验和证明,看看这些办法是否有效,是否能解决提出的问题。在检验之前你可能不知道这些办法是否正确。

在这个过程中,你所要做的就是寻找这种情况的原因,并加以解释,你要回答诸如"为什么"、"是什么"、"怎么会"之类的问题。

思考，绝对不是流于主观、漫无边际、毫无章法的胡思乱想，而应沿着一条有序科学的思维路线层层深入，探寻事物的本质所在。

第三节

人生无处不套牢，思路决定出路

> 一个善于思考的人，才真是一个力量无穷的人。
>
> ——巴尔扎克

一只在瓶子里自我设限的跳蚤，注定无法逾越新的高度！人有时就像一只跳蚤，习惯了平淡而毫无激情的生存方式，自我设限，自我封闭，自暴自弃，自欺欺人，消极保守，碌碌无为，始终生活在茫然的迷思和失败的阴影之中……这是一种悲哀！然而，真正悲哀的是习惯在这样的思维模式下没有出路。

面对自我的困惑

不能正确地评价自己，做好定位，朝着正确的方向前进，是人成功道路上一堵阻隔的墙。正确的做法应该是正确认识自己，找准人生的坐标，改变错误的思维模式。

人们常说"人贵有自知之明"，那就是既不高估自己也不低估自己。

认识到这一点容易，但要做到这一点，却非人人能及。

　　想拥有更大的权力，想到更能发挥自己才能的岗位上去，想做出比别人更大的成就……几乎所有人都有上进心，都有改善现状的欲望。但是，正确估价自己的人，完全有能力接受自己目前所处的现状和环境，这对于想成功的人来说是非常重要的。

　　世上没有十全十美的人，有些缺点和性格是与生俱来并要带进坟墓的。只要看看那些伟大的成功者就能立即明白，他们都接受了自然的自我。

　　接受自己，对于正确的自我评价非常重要。纪伯伦曾在其作品里讲了一个狐狸觅食的故事。狐狸欣赏着自己在晨曦中的身影说："今天我要用一只骆驼做午餐呢！"整个上午，它奔波着，寻找骆驼。但当正午的太阳照在它的头顶时，它再次看了一眼自己的身影，于是说："一只老鼠也就够了。"狐狸之所以犯了两次相同的错误，与它选择"晨曦"和"正午的阳光"作为镜子有关。晨曦不负责任地拉长了它的身影，使它错误地认为自己就是万兽之王，并且力大无穷无所不能；而正午的阳光又让它对着自己缩小了的身影忍不住妄自菲薄。

　　大师笔下的这只狐狸与现实生活中的很多人十分相似。他们对自己的认识不足，过分强调某种能力或者无凭无据承认无能。这种情况下，千万别忘了上帝为我们准备了另外一块镜子，这块镜子就是"反躬自省"4个字，它可以照见落在心灵上的尘埃，提醒我们"时时勤拂拭"，使我们认识真实的自己。

　　尼采曾经说过："聪明的人只要能认识自己，便什么也不会失去。"正确认识自己，才能充满自信，才能使人生的航船不迷失方向。正确认识自己，才能正确确定人生的奋斗目标。只有有了正确的人生目标并充满自信地为之奋斗终生，才能此生无憾，即使不成功，自己也会无怨无悔。

定位决定人生

一个人的发展在某种程度上取决于自己对自己的评价，这种评价有一个通俗的名词——定位。在心目中你把自己定位成什么，你就是什么，因为定位能决定人生，定位能改变人生。

一个乞丐站在地铁出口处卖铅笔，一名商人路过，向乞丐杯子里投入几枚硬币，匆匆而去。过了一会儿后商人回来取铅笔，他说："对不起，我忘了拿铅笔，因为你我毕竟都是商人。"几年后，商人参加一次高级酒会，遇见了一位衣冠楚楚的先生向他敬酒致谢。这位先生说，他就是当初卖铅笔的乞丐。他生活的改变，得益于商人的那句话：你我都是商人。故事告诉我们：当你定位于乞丐，你就是乞丐；当你定位于商人，你就是商人。

定位概念最初是由美国营销专家里斯和屈特于1969年提出的，当时他们的观点是，商品和品牌要在潜在的消费者心中占有位置，企业经营才会成功。随后定位的外延扩大了，大至国家、企业，小至个人、项目等，均存在定位的问题，事关成败兴衰。

汽车大王福特自幼帮父亲在农场干活，12岁时，他就在头脑中构想用能够在路上行走的机器代替牲口和人力，而父亲和周围的人都要他在农场做助手。若他真的听从了父辈的安排，世间便少了一位伟大的工业家，但福特坚信自己可以成为一名机械师。于是他用1年的时间完成了其他人需要3年的机械师训练，随后又花两年多时间研究蒸汽原理，试图实现他的目标，未获成功；后来他又投入到汽油机研究上来，每天都梦想制造一部汽车。他的创意被大发明家爱迪生所赏识，邀请他到底特律公司担任工程师。经过10年努力，在福特29岁时，他成功地制造了第一部汽车引擎。今日美国，每个家庭都有一部以上的汽车，底特律是美国最大工业城市之一，也是福特的财富之都。福特的成功，不能不归功于他定位的正确和不懈的努力。

反过来说，就算你给自己定位了，如果定的不切实际，或者没有一种健康的心态，也不会取得成功。

一个人最重要的是他的内心

在一次讨论会上，一位著名的演说家没讲一句开场白，手里却高举着一张 20 美元的钞票。面对会议室里的 200 个人，他问："谁要这 20 美元？"一只只手举了起来。他接着说："我打算把这 20 美元送给你们中的一位，但在这之前，请准许我做一件事。"他说着将钞票揉成一团，然后问："谁还要？"仍有人举起手来。

他又说："那么，假如我这样做又会怎么样呢？"他把钞票扔到地上，又踏上一只脚，并且用脚碾它。尔后他拾起钞票，钞票已变得又脏又皱。"现在谁还要？"还是有人举起手来。

"朋友们，你们已经上了一堂很有意义的课。无论我如何对待那张钞票，还是有人想要它，因为它并没贬值。它依旧值 20 美元。人生路上，我们会无数次被自己的决定或碰到的逆境击倒、欺凌甚至碾得粉身碎骨，我们觉得自己似乎一文不值。但无论发生什么，或将要发生什么，在上帝的眼中，你们永远不会丧失价值。在他看来，无论你们肮脏或是洁净，衣着齐整或是不齐整，你们都是无价之宝。生命的价值不依赖我们的所作所为，也不仰仗我们结交的人物，而是取决于我们本身，也就是说，完全属于你的内心所想！你们是独特的——永远不要忘记这一点！"是的，生命的价值取决于我们自身，除了自己，没有人能让你贬值。

凯特先生的一次经历更让我们认识到：一个人最重要的是他的内心！

一个星期天的早晨，凯特本来可以好好睡一个懒觉，但是一种强烈的罪恶感驱使他起身去教堂做礼拜。

　　凯特洗漱完毕，收拾整齐，匆匆忙忙赶往教堂。

　　礼拜刚刚开始，凯特在一个靠边的位子上悄悄坐下。牧师开始祈祷了，凯特刚要低头闭上眼睛，却看到邻座先生的鞋子轻轻碰了一下他的鞋子，凯特轻轻地叹了一口气。

　　凯特想，邻座先生那边有足够的空间，为什么我们的鞋子要碰在一起呢？这让他感到不安，但邻座先生似乎一点儿也没有感觉到。

　　祈祷开始了："我们的父……"牧师刚开了头。布朗忍不住又想，这个人真不自觉，鞋子又脏又旧，鞋帮上还有一个破洞。

　　牧师继续祈祷着，凯特尽力想集中心思祷告，但思绪忍不住又回到了那双鞋子上。他扫了一眼地板上邻座先生的鞋子想，难道我们上教堂时不应该以最好的面貌出现吗？邻座的这位先生肯定不是这样认为的。

　　祷告结束了，唱起了赞美诗，邻座先生很自豪地高声歌唱，还情不自禁地高举双手。凯特想，主在天上肯定能听到他的声音。奉献时，凯特郑重地放进了自己的支票。邻座先生把手伸到口袋里，摸了半天才摸出了几个硬币，"叮嘟嘟"放进了盘子里。

　　牧师的祷告词深深地触动着凯特，邻座先生显然也同样被感动了，因为凯特看见有泪水从他的脸上流了下来。

　　礼拜结束后，大家像平常一样欢迎新朋友，从而让他们感到温暖。凯特心里有一种想要认识邻座先生的冲动，他转过身子握住了邻座先生的手。

　　邻座的先生是一个上了年纪的黑人，头发很乱，但凯特还是谢谢他来到教堂。邻座的先生激动得热泪盈眶，咧开嘴笑着说："我叫查理，很高兴认识你，我的朋友。"

　　查理擦擦眼睛继续说道："我来这里已经有几个月了，你是第一个和我打招呼的人。我知道，我看起来与别人格格不入，但我总是尽量以最好的形象出现在这里。星期天一大早我就起来了，先是擦干净鞋子、打上油，然后走了很远的路，等我到这里的时候鞋子已经又脏又破了。"凯特忍不住一阵心酸，强咽下了眼泪。

　　查理接着又向凯特道歉说："我坐得离你太近了。当你到这里时，我知道我应该先看你一眼，再问候你一句。但是我想，当我们的鞋子相碰时，也许我们就可以心灵相通了。"

　　凯特一时觉得再说什么都显得苍白无力，就静了一会儿才说："是的，你的鞋子触动了我的心。在一定程度上，你也叫我知道，一个人最重要的是他的内心，而不是外表。"

　　还有一半话凯特没有说出来，这位老黑人是怎么也不会想到，凯特从心底深深地感激他那双又脏又旧的鞋子，是它们深深触动了他的灵魂。

　　邻座的黑人先生并没有因为自己的衣着寒酸而自怨自艾，或无端地贬低、毁灭自己，而是满怀着对上帝、对生活的感恩之情，热情地对待自己，以及认真地面对主给予他的所有恩赐——包括那双又破又烂的鞋子。事实证明，在贫贱与困境中保持着内心的昂扬和人格完整的人，能赢得人们的尊重和敬佩。"一个人最重要的是自己的内心。"没错，上面的两个故事诠释了这一点，并带给我们无声的震撼。

人生不应该有太多负荷

　　人生不应该有太多的牵累与负荷。现在拥有的，我们应该珍惜；已经失去的，也没必要再为之哭泣。抬头向前看，会有更美好的生活在等着你。只要还有一颗乐观向上的心，人生就会一路充满阳光。

　　尤利乌斯是一个画家，而且是一个很不错的画家。他画快乐的世界，因为他自己就是一个快乐的人。不过没人买他的画，因此他想起来会有点伤感，但只是一会儿。

　　"玩玩足球彩票吧！"他的朋友们劝他，"只花两马克便可赢很多钱！"

于是尤利乌斯花两马克买了一张彩票，并真的中了彩！他赚了50万马克。

"你瞧！"他的朋友都对他说，"你多走运啊！现在你还经常画画吗？"

"我现在就只画支票上的数字！"尤利乌斯笑道。

尤利乌斯买了一幢别墅并对它进行了一番装饰。他很有品位，买了许多好东西：阿富汗地毯、维也纳橱柜、佛罗伦萨小桌、迈森瓷器，还有古老的威尼斯吊灯。

尤利乌斯很满足地坐下来，点燃一支香烟静静地享受他的幸福。突然他感到好孤单，便想去看看朋友。如同在原来那个石头做的画室里一样，他把烟往地上一扔，然后就出去了。

燃烧着的香烟躺在地上，躺在华丽的阿富汗地毯上……一个小时以后别墅变成一片火的海洋，它完全烧没了。

朋友们很快就知道这个消息，他们都来安慰尤利乌斯。

"尤利乌斯，真是不幸呀！"他们说。

"怎么不幸了？"他问。

"损失呀！尤利乌斯，你现在什么都没有了。"

"什么呀？不过是损失了两个马克。"

克服不了的"约拿情结"

"约拿情结"的典故出自《圣经》，却高度概括了人的一种状态。人渴望成功又害怕面对成功，内心一直在积极与消极的两端徘徊。其实，这种心理迷茫状态来源于内心深处的恐惧感，而这种深层的恐惧心理，也成了人生最严重的致命伤。

约拿是《圣经》中的人物。据说上帝要约拿到尼尼微城去传话，这本是一种崇高的使命和荣誉，也是约拿平素所向往的。但一旦理想成为现实,他又感到一种畏惧,觉得自己不行,想回避即将到来的成功,想推却突然降临的荣誉。这种在成功面前的畏惧心理,心理学家们称之为"约拿情结"。

约拿情结是一种普遍的心理现象。我们想取得成功,但成功以后,又总是伴随着一种心理迷茫。我们既自信,又自卑,我们既对杰出人物感到敬仰,又总是心怀一种敌意。我们敬佩最终取得成功的人,而对成功者,又怀有一种不安、焦虑、慌乱和嫉妒。我们既害怕自己最低的可能性,又害怕自己最高的可能性。

说到底,"约拿情结"是一种内心中深层次的恐惧感。这种恐惧感往往会破坏一个人正常的能力。

恐惧使创新精神陷于麻木;恐惧毁灭自信,导致优柔寡断;恐惧使我们动摇,不敢开始做任何事情;恐惧还使我们怀疑和犹豫。恐惧是能力上的一个大漏洞。而事实上,有许多人把他们一半以上的宝贵精力浪费在毫无益处的恐惧和焦虑上面了。

恐惧虽然阻碍着人们力量的发挥和生活质量的提高,但它并非不可战胜。只要人们能够积极地行动起来,在行动中有意识地纠正自己的恐惧心理,那它就不会再成为我们的威胁。

跨越恐惧的藩篱

勇敢的思想和坚定的信念是治疗恐惧的天然药物,勇敢和信心能够中和恐惧,如同在酸溶液里加一点碱,就可以破坏酸的腐蚀力一样。

对此问题,我们不妨多加了解一下。

有一个文艺作家对创作抱着极大野心,期望自己成为大文豪。美梦未成真前,他说:"因为心存恐惧,我是眼看一天过去了,一星期、一年也过去了,仍然不敢轻易下笔。"

另有一位作家说："我很注意如何使我的心力有技巧、有效率地发挥。在没有一点灵感时，也要坐在书桌前奋笔疾书，像机器一样不停地动笔。不管写出的句子如何杂乱无章，只要手在动就好了，因为手到能带动心到，会慢慢地将文思引出来。"

初学游泳的人，站在高高的水池边要往下跳时，都会心生恐惧，如果壮大胆子，勇敢地跳下去，恐惧感就会慢慢消失，反复练习后，恐惧心理就不复存在了。

倘若很神经质地怀着完美主义的想法，进步的速度会受到限制。如果一个人恐惧时总是这样想："等到没有恐惧心理时再来跳水吧，我得先把害怕退缩的心态赶走才可以。"这样做的结果往往是把精神全浪费在消除恐惧感上了。

这样做的人一定会失败，为什么呢？人类心生恐惧是自然现象，只有亲身行动才能将恐惧之心消除。不实际体验，只是坐待恐惧之心离你远去，自然是徒劳无功的事。

在不安、恐惧的心态下仍勇于作为，是克服神经紧张的处方，它能使人在行动之中，获得活泼与生气，渐渐忘却恐惧心理。只要不畏缩，有了初步行动，就能带动第二、第三次的出发，如此一来，心理与行动都会渐渐走上正确的轨道。

别让自己成为孤岛

合群就是与别人合得来。合群作为一种性格特征，具有既能够接受别人，同时也能被人接受的社会适应性特点。合群的人乐于与人交往，他们不封闭自己，愿意向别人敞开心扉；同时，合群的人往往是善解人意、热情友好的，他们在与人相处时，正面的态度（如尊敬、信任、喜悦等）多于反面的态度（如仇恨、嫉妒、怀疑等）。因此，他们能建立和谐的人际关系，有较多知心的朋友。

但是，生活中也确实常有些人过于自我封闭，或自命清高，不善于交往；或过于自卑，缺乏积极从事交往活动的勇气，总以为别人瞧不起自己，因而孤僻内向，离群索居。

心理学家指出，这种自我封闭的性格有碍于建立和谐的人际关系，因而不适应现代社会生活的需要，同时还会使人心理上缺乏安全感和归属感，形成退缩感和孤独感，从而也有碍于人的身心健康。

那么，究竟怎样才能改变自我封闭的性格呢?

学会关心别人

如果你期望被人关心和喜爱，你首先得关心别人和喜爱别人。关心别人，帮助别人克服困难，不仅可以赢得别人的尊重和喜爱，而且，由于你的关心引起了别人的积极反应，会给你带来满足感，并增强你与人交往的自信心。

学会一些交际技能

如果你在与人交往时总是失败，那么由此而引起的消极情绪当然会影响你的合群性格。如果你能多学习一点交往的艺术，自然有助于交往的成功。例如，多掌握几种文体活动技能，如跳舞、打球之类，你会发现自己在许多场合都会成为受人欢迎的人。

保持人格的完整性

《礼记》中说:"水至清则无鱼，人至察则无徒。"与人相处时，当然不应苛求别人，而应当采取随和的态度，但那是有限度的。因为随和不是放弃原则，迁就亦非予取予求。

保持人格完整的最好办法，是在平素的待人接物中，把自己的处事原则明白地表现出来，让别人知道你是怎样一个人。这样，别人就会知道你的作风，而不会勉为其难地要你做你不愿做的事，而你也不会因需要经常拒绝别人而影响彼此间的关系了。

第二章

把"不可能"变为"可能"

　　这个世界上没有做不到的事，只有还没有想到的事。大多数人认为不可能的事情，少数人做到了，因此成功的总是少数人。大多数人遇到比较困难的事，就觉得无论如何也做不到，于是打起退堂鼓回避问题，根本不去想有没有解决办法。那些取得成功的少数人不会被困难吓倒，他们总能迎难而上，积极思考，想办法克服困难，把"不可能"变为"可能"。

第一节

首先，打破一切常规

> 脑袋里的智慧，就像打火石里的火花一样，不去打它是不肯出来的。
>
> ——莎士比亚

走出囚禁思维的栅栏

世界上没有两片完全相同的树叶，同样，世界上也没有两个完全相同的人。每个人自身的独特性，造成其别具一格的思维方式，每个人都可以走出一条与众不同的发展道路来。但保持个性的同时，也应追求突破创新，否则，你将陷入自身的思路的"圈套"当中。

每个人都会有"自身携带的栅栏"，若能及时地从中走出来，实在是一种可贵的警悟。独一无二的创新精神，勇于进取，绝不自损、自贬，在学习生活中勇于独立思考，在日常生活中善于注入创意，在职业生活中精于自主创新，正是能够从自我囚禁的"栅栏"里走出来的鲜明标志。形成创造力自囚的"栅栏"，通常有其内在的原因，是由于思维的知觉性障碍、判断力障碍以及常规思维的惯性障碍所导致的。知觉是接受信息的通道，知觉的领域狭窄，通道自然受阻，创造力也就无从激发。这条通道要保持通畅，才能使信息流丰盈、多样，使新信息、新知识的获得成为可能，使得信息检索能力得到锻炼，不断增长其敏锐的接收能力、详略适度的筛选能力和信息精化的提炼能力，这是形成创新心态的重要前提。判断性障碍大多产生于心理偏见和观念偏离。要使判断恢复客观，首先需要矫正心理视觉，使之采取开放的态度，注意事物自身的特性而不囿于固有的见解或观念。这在新事物迅猛增殖、新知识快速增加的当今时代，尤其值得重视。

要从自囚的"栅栏"走出来，还创造力以自由，首先就要还思维状态以自由，突破常规思维。在此基础上，对日常生活保持开放的、积极的心态，对创新世界的人与事，持平视的、平等的姿态，对创造活动，持成败皆为收获、过程才最重要的精神状态，这样，我们将有望形成十分有利于创新生涯的心理品质，并且及时克服内在消极因素。

成功的人往往是一些不那么"安分守己"的人，他们绝对不会因取得一些小小的成绩而沾沾自喜，获得一点小成功就停下继续前行的脚步。因此，只有突破旧我，才能获得又一次的蜕变，人生才会呈现更好的局面。

一位雕塑家有一个 12 岁的儿子。儿子要爸爸给他做几件玩具，雕塑家只是慈祥地笑笑，说："你自己不能动手试试吗？"

为了制好自己的玩具，孩子开始注意父亲的工作，常常站在大台边观看父亲运用各种工具，然后模仿着运用于玩具制作。父亲也从来不向他讲解什么，放任自流。

一年后，孩子初步掌握了一些制作方法，玩具造得颇像个样子。这样，父亲偶尔会指点一二。但孩子脾气倔，从来不将父亲的话当回事，我行我素，自得其乐。父亲也不生气。

又一年，孩子的技艺显著提高，可以随心所欲地摆弄出各种人和动物形状。孩子常常将自己的"杰作"展示给别人看，引来诸多夸赞。但雕塑家总是淡淡地笑，并不在乎。

有一天，孩子存放在工作室的玩具全部不翼而飞，父亲说："昨夜可能有小偷来过。"孩子没办法，只得重新制作。

半年后，工作室再次被盗。又半年，工作室又失窃了。孩子有些怀疑是父亲在捣鬼：为什么从不见父亲为失窃而吃惊、防范呢？

一天夜晚，儿子夜里没睡着，见工作室灯亮着，便溜到窗边窥视，只见父亲背着手，在雕塑作品前踱步、观看。好一会儿，父亲仿佛做出某种决定，一转身，拾起斧子，将自己大部分作品打得稀巴烂！接着，父亲将这些碎土块堆到一起，放上水重新混合成泥巴。孩子疑惑地站在窗外。这时，他又看见父亲走到他的那批小玩具前！父亲拿起每件玩具端详片刻，然后，将儿子所有的自制玩具扔到泥堆里搅和起来！当父亲回头的时候，儿子已站在他身后，瞪着愤怒的眼睛。父亲有些羞愧，吞吞吐吐道："我，是，哦，是因为，只有砸烂较差的，我们才能创造更好的。"

10年之后，父亲和儿子的作品多次同获国内外大奖。

父亲不愧是位雕塑家，他不但深谙雕塑艺术品的精髓更懂得如何雕塑儿子的"灵魂"。每一个渴望成功的人都必须谨记：只有不断突破自我，超越以往，你才能开创出更美好、更辉煌的人生来。

不按常理出牌

当传统与规则已经不再适应新情况时，你就应该学会解放思想，不拘泥于常识及常规，善于变化，另辟蹊径。只有这样，你才能化缺点为优点，化弊端为有利，化腐朽为神奇。

创新作为一种最灵动的精神活动，最忌讳的就是呆板和教条，任何形式的清规戒律，都会束缚其手脚，使其无法大展所长，只有敢于打破常规、标新立异的人，才能真正有所作为，才能敞开胸怀拥抱成功。

天才大都是能够自创法则的人。随着时代的发展，尤其是网络的普及，在如今瞬息万变的现代社会中，传统和经验的意义已经远远没有过去那么重要了，时代更加突出了创新的意义，创新重于经验！

对于年轻人来说，更是如此。年轻人要想成功，就必须敢于标新立异，推陈出新。在这里，美国商界奇才尤伯罗斯为我们做出了一个很好的榜样。

1984 年以前的奥运会主办国几乎是"指定"的。对举办国而言，往往是喜忧参半。能举办奥运会，自然是国家民族的荣誉，还可以乘机宣传本国形象，但是以新场馆建设为主的大规模硬件软件投入，又将使政府负担巨大的财政赤字。1976 年加拿大主办蒙特利尔奥运会，亏损 10 亿美元，当时预计这一巨额债务到 2003 年才能还清；1980 年，前苏联莫斯科奥运会总支出达 90 亿美元，具体债务更是一个天文数字。奥运会几乎变成了为"国家民族利益"而举办，为"政治需要"而举办。赔本已成奥运定律。

鉴于其他国家举办奥运的亏损情况，洛杉矶市政府在得到主办权后即做出一项史无前例的决议：第 23 届奥运会不动用任何公用基金，因此而开创了民办奥运会的先河。

尤伯罗斯接手奥运之后，发现组委会竟连一家皮包公司都不如，没有秘书、没有电话、没有办公室，甚至连一个账号都没有。一切都得从零开始，尤伯罗斯决定破釜沉舟。他以 1060 万美元的价格将自己的旅游公司股份卖掉，开始招募雇佣人员，把奥运会商业化，进行市场运作。

第一步，开源节流。

尤伯罗斯认为，自 1932 年洛杉矶奥运会以来，规模大、虚浮、奢华和浪费成为时尚。他决定想尽一切办法节省不必要的开支。首先，他本人以身作则不领薪水，在这种精神感召下，有数万名工作人员甘当义工；其次，沿用洛杉矶现成的体育场；最后，把当地的 3 所大学宿舍做奥运村。仅后两项措施就节约了十几亿美元。

第二步，举行声势浩大的"圣火传递"活动。

奥运圣火在希腊点燃后，在美国举行横贯美国本土的 1.5 万公里圣火接力跑。用捐款的办法，谁出钱谁就可以举着火炬跑上一程。全程圣火传递权以每公里 3000 美元出售，1.5 万公里共售得 4500 万美元。尤伯罗斯实际上是在卖百年奥运的历史、荣誉等巨大的无形资产。

第三步，别具一格的融资、赢利模式。

尤伯罗斯创造了别具一格的融资和盈利模式，让奥运会为主办方带来了滚滚财源。尤伯罗斯出人意料地提出，赞助金额不得低于 500 万美元，而且不许在场地内包括其空中做商业广告。这些苛刻的条件反而刺激了赞助商的热情。一家公司急于加入赞助，甚至还没弄清所赞助的室内赛车比赛程序如何，就匆匆签字。尤伯罗斯最终从 150 家赞助商中选定 30 家。此举共筹到 1.17 亿美元。

最大的收益来自独家电视转播权转让。尤伯罗斯采取美国三大电视网竞投的方式，结果，美国广播公司以 2.25 亿美元夺得电视转播权。尤伯罗斯又首次打破奥运会广播电台免费转播比赛的惯例，以 7000 万美元把广播转播权卖给美国、欧洲及澳大利亚的广播公司。

门票收入，通过强大的广告宣传和新闻炒作，也取得了历史最高水平。

第四步，出售与本届奥运会相关的吉祥物和纪念品。

尤伯罗斯联合一些商家，发行了一些以本届奥运会吉祥物山姆鹰为主要标志的纪念品。通过这四步卓有成效的市场运作，在短短的十几天内，第 23 届奥运会总支出 5.1 亿美元，盈利 2.5 亿美元，是原计划的 10 倍。尤伯罗斯本人也得到 47.5 万美元的红利。在闭幕式上，时任国际奥委会主席的萨马兰奇向尤伯罗斯颁发了一枚特别的金牌，报界称此为"本届奥运最大的一枚金牌"。

突破是创新的核心。创新不是对过去的简单重复和再现，它没有现成的经验可借鉴，也没有现成方法可套用，它是在没有任何经验的情况下去努力探索。

在通常情况下，人们按照自己的常规思路，经历了千万次的试验，还是没有取得成功；有时取得成功却全不费工夫，这种突然而至的东西就往往包含着意想不到的创造性，甚至会迫使人们放弃以前数年辛苦得来的成果。当你处于山穷水尽的境况时，建议你不妨打破常规不按常理出牌。这样，你才有可能在相反的方向很容易地找到问题的答案。

对于成功者来说，经验与创新是相辅相成，缺一不可的。我们不能厚此薄彼，而应在创新的同时仍然要重视常规的经验，并且在常规的基础上，寻求突破创新。

下面的方法有助于你另辟蹊径，从成功的经验中得到启示：

1. 能在平常的事情上思考求变

能够另辟蹊径的人，其思维富有创造性，善于从习以为常的事物中图新求异，去认识世界，改造世界。

2. 不为现行的观点、做法、生活方式所牵制

巴尔扎克说："第一个把女人比作花的是聪明人，第二个再这样比喻的人就是庸才了，第三个人则是傻子了。"

现行的汽车防盗系统国内外已有不少，许多厂家使尽浑身解数仍然不尽如人意。总参某炮兵研究所青年工程师杨文昭在广泛吸取国内外同类产品优点的同时，大胆创新，另辟蹊径，运用双密码保险、抗强电磁干扰、无电源持续报警和声控自动熄火等新技术，研究出了汽车防盗系列产品，被定为首家"国际"产品。敢于向现行的成果和规则挑战，独闯新路，使杨文昭获得了机会，也获得了成功。

3. 学习他人，超越他人

抱着"他山之石可以攻玉"的想法，盲目模仿他人的经验，并不能获得成功。要养成独立思考的习惯，自己在观察事物、观察别人成功经验的同时，独创出自己之所见。

4. 别出心裁，有自己独到的见解

"大家都想到一块去了"，这并非都是良策。例如，现在满天飞的广告词尽是"实行三包"、"世界首创"、"饮誉天下"，但效果如何呢？美国一家打字机厂家的广告语"不打不相识"，一语双关,顾客纷至沓来。

挣脱"自我设限"

生活中的无数障碍，看似无法逾越，其实只不过因为你在内心中限制了自己，你要试着打破它。只要你能够突破自我的"设限"，你便可以超越困难，突破阻挠，完成自己的愿望。

科学家做过一个实验：把跳蚤放在桌子上，然后一拍桌子，跳蚤条件反射的跳起来，跳得很高。然后科学家在桌子的上方放一块玻璃罩后，再拍桌子，跳蚤再跳撞到了玻璃。跳蚤发现有障碍，就开始调整自己的高度。科学家把玻璃罩往下压，然后再拍桌子；跳蚤再跳上去，再撞上去，再调整高度。就这样，科学家不断地调整玻璃罩的高度，跳蚤就不断地撞上去，不断地调整高度。直到玻璃罩与桌子高度几乎相平。这时，把玻璃罩拿开，再拍桌子，这时跳蚤已经不会跳了，变成了"爬蚤"。

跳蚤之所以变成"爬蚤"，并非它已丧失了跳跃能力，而是由于一次次受挫使它学乖了。它为自己设了一个限，认为自己永远也跳不出去，而后来尽管玻璃罩已经不存在了，但玻璃罩已经"罩"在它的潜意识里，罩在心上，变得根深蒂固。行动的欲望和潜能被固定的心态扼杀了，它认为自己永远丧失了跳跃的能力。这也就是我们所说的"自我设限"。

你是否也有类似的遭遇？生活中，一次次的受挫、碰壁后，奋发的热情、欲望就被"自我设限"压制、扼杀。对失败惶恐不安，却又习以为常，丧失了信心和勇气，渐渐养成了懦弱、犹豫、害怕承担责任、不思进取、不敢拼搏的习惯，成为你内心的一种限制。

一旦有了这样的习惯，你将畏首畏尾，不敢尝试和创新，随波逐流，与生俱来的成功火种也就随之熄灭了。

要挣脱自我设限，关键在自己。西方有句谚语说得好："上帝只拯救能够自救的人。"成功属于愿意成功的人。如果你不想去突破，挣脱固有想法对你的限制，那么，没有任何人可以帮助你。不论你过去怎样，只要你调整心态，明确目标，乐观积极地去行动，那么你就能够扭转劣势，更好地成长。

丹尼斯加入某保险公司快一年了，他始终忘不了工作第一天打的第一个电话。当他热情地拨通电话，联络自己的第一个客户时，没想到他刚说明了自己的工作身份，对方就非常生硬地打断了他的话，不但拒绝了他的推销，更是将他骂了一顿，声称自己身体很好，不需要什么保险。从那以后，再打电话推销时，丹尼斯心中便有了阴影，说话没有任何立场，讲解吞吞吐吐，自然没有人愿意向他买保险。心里的阴影越来越大，他甚至不再愿意去摸电话。工作近一年的时间，他一份保单都没有签成。他开始想，自己或许并不适合这份工作，自己的口才不好，没有打动别人的能力，他灰心极了。经理鼓励他要自己给自己机会，没有谁生来就注定成功，也没有人会一直失败。听了经理的话，丹尼斯鼓足勇气，决定搏一搏。丹尼斯找出一个曾经联系过却被拒绝的客户资料，仔细研究他的需要，选择了一份适合他的险种。一切准备妥当后，他拨通了对方的电话，他的自信和真诚征服了那个客户，对方买下了他推销的保险。丹尼斯终于打破了自我设限，尝到了成功的滋味。

其实，自我设限远远没有你想象的那样恐怖，更不是牢不可破的。只要你摒弃固有的想法，尝试着重新开始，你便会对以前的忧虑和消极的态度报以自嘲。

生活中，有无数人是在阅读一本激励人心的书或是一篇感人至深的励志美文时突然感到灵光一闪，蓦地发现了一个崭新的自我。如果没有这样的书或文章，他们可能会永远对自身的真实能力懵懂无知。任何能够使得我们真正认识自己、能够唤醒我们的全部潜能的东西都是无价之宝。

问题在于，我们中绝大多数人从来没有被唤醒过，或者是直到晚年才真正认识自身的能力——但往往是为时已晚，再也不可能有大的作为了。因此，非常重要的一点就是，我们在年轻时就应当对自身的潜能有一个清醒的认识，惟其如此，我们才能有效地发掘生命的潜力，在最大意义上实现自我的价值。

大多数人在撒手人寰、离开这个世界时，还有相当大的一部分潜能压根就没有被开发。他们只是使用了自身能力中很小的一部分，而其他更珍贵的财富却白白地闲置在那儿，原封未动。

因此，最大化地开发一个人的潜能，已成为每个人一生要面对的重要命题。那如何才能让潜能淋漓尽致地开发出来呢？其实，潜能开发的途径有许多，但从成功学的角度而言，主要有 4 个方面，即"诱、逼、练、学"。

1."诱"就是引导

寻求更大领域、更高层次的发展，是人生命意识里的根本需求。"这山望着那山高"、"喜新厌旧"是人的本性。因此，具有主体自觉意识的自我，有理性的自我，是绝不愿停留在任何一种狭小的、有限的状态之中的，而总是想要不断开拓以取得更大的发展和成功，从而更好地生存。这种炽热的、旺盛的发展需要，是成功渴望的表现，是潜能蓄势待发的前兆。只要对这种发展意识给予有益的暗示、引发、规划和培育，就能很好地激发、释放潜能。

2."逼"就是逼迫

人是一个复杂的矛盾体，既有求发展的需要，又有安于现状、得过且过的惰性。能够卧薪尝胆、自我警醒的人少之又少。更多的人需要的是鞭策和当头棒喝式的触动，而"逼"就是"最自然"的好办法。人们常说的"压力就是动力"，就是这个意思。

因此，被逼不是"无奈"，被逼是福。

逼自己，就是战胜自己，必须比自己的过去更新；逼自己，就是超越竞争，必须比别人更新。别人想不到，我要想到；别人不敢想，我敢想；别人不敢做，我来做；别人认为做不到，我一定要做到。潜能的力量，是巨大的！人的潜能也遵循着"马太效应"，越开发使用就越多越强。

3."练"就是练习

此处特指专家为开发人的潜能而专门设计的练习、题目、测验、训练，如脑筋急转弯、一分钟推理等，多做有益。另外，还包括"潜意识理论与暗示技术"、"自我形象理论与观想技术"，"成功原则和光明技术"、"情商理论与放松入静技术"，等等。

4."学"就是学习

学习是增加潜能基本储量及促使潜能发挥的最佳方法。知识丰富必然联想丰富，而智力水平正是取决于神经元之间信息连接的面和信息量。

在认识了你的潜能之后，你就必须去开发、挖掘你的潜能。只要你对自己有足够的信心，那么你就能够将这种潜能发挥到极致。

你的内心包含着巨大的潜能，它有着无限的力量。你必须唤醒心中这个醋睡的巨人，因为它比阿拉丁神灯的所有神灵更为有力——那些神灵都是虚构的，而你的潜能是真实的。

摆脱思维定式

在创新思维活动的过程中，打破常规思维的惯性，是大脑思维必不可少的一项环节。有时，只要对问题改变一下设想，调整一下进入角度，解决问题的思路就会不期而至。

思维定式即常规思维的惯性，它是一种人人皆有的思维状态。当它在支配常态生活时，还似乎有某种"习惯成自然"的便利，所以它对于人的思维也有好的一面。但是，当面对创新的事物时，如若仍受其约束，就会形成对创造力的障碍。

大象能用鼻子轻松地将一吨重的物体抬起来，但我们在看马戏表演时却发现，这么巨大的动物，却安静地被拴在一个小木桩上。

因为它们自幼小无力时开始，就被沉重的铁链拴在无法动的铁桩上，当时不管它用多大的力气去拉，这铁桩对幼象而言，是太沉重的东西，当然动也动不了。不久，幼象长大，力气也增加，但只要身边有桩，它总是不敢妄动。

这就是思维定式。长大后的象，可以轻易将铁链拉断，但因幼时的经验一直留存至长大，所以它习惯地认为"绝对拉不断"，所以不再去拉扯。人类也是如此，虽被赋予称为"头脑"（无限能力）的最强大的武器，但因自以为是而不用武器，于是徒然浪费"宝物"。由此可知，不只是动物，人类也因未排除"固定观念"的偏差想法，而只能以常识性、否定性的眼光来看事物，自以为是地认为"我没有那样的才能"，终于白白浪费掉大好良机。除了这种静止地看待自己的形而上学的错误，用僵化和固定的观点认识外界的事物，有时也会带来危害。比如，通常我们都知道，海水是不能饮用的，可是如果抱定了这种观念，而不去尝试一下，也可能会犯下错误。

一次，一艘远洋海轮不幸触礁，沉没在汪洋大海里，幸存下来的9位船员拼死登上一座孤岛，才得以幸存下来。

但接下来的情形更加糟糕，岛上除了石头，还是石头，没有任何可以用来充饥的东西。更为要命的是，在烈日的暴晒下，每个人口渴得冒烟，水成为最珍贵的东西。

尽管四周是水——海水，可谁都知道，海水又苦又涩又咸，根本不能用来解渴。现在9个人唯一的生存希望是老天爷下雨或别的过往船只发现他们。

但是，没有任何下雨的迹象，天际除了海水还是一望无边的海水，没有任何船只经过这个死一般寂静的岛。渐渐地，他们支撑不下去了。

8个船员相继渴死，当最后一位船员快要渴死的时候，他实在忍受不住地扑进海水里，"咕嘟咕嘟"地喝了一肚子海水。船员喝完海水，一点儿也觉不出海水的苦涩味，相反觉得这海水非常甘甜，非常解渴。

他想：也许这是自己渴死前的幻觉吧，便静静地躺在岛上，等着死神的降临。

他睡了一觉，醒来后发现自己还活着，船员非常奇怪，于是他每天靠喝这岛边的海水度日，终于等来了救援的船只。

后来人们化验这海水发现，由于有地下泉水的不断翻涌，所以，这里的海水实际上是可口的泉水。

习以为常、耳熟能详、理所当然的事物充斥着我们的生活，使我们逐渐失去了对事物的热情和新鲜感。经验成了我们判断事物的唯一标准，存在的当然变成了合理。随着知识的积累、经验的丰富，我们变得越来越循规蹈矩，越来越老成持重，于是创造力丧失了，想象力萎缩了，思维定式已经成为人类超越自我的一大障碍。

标新立异者常常能突破自己的思维定式，反常用计，在"奇"字上下工夫，拿出出奇的经营招数，赢得出奇的效果。

亨利·兰德平日非常喜欢为女儿拍照，而每一次女儿都想立刻得到父亲为她拍摄的照片。于是有一次他就告诉女儿，照片必须全部拍完，等底片卷回，从照相机里拿下来后，再送到暗房用特殊的药品显影。而且，在副片完成之后，还要照射强光使之映在别的像纸上面，同时必须再经过药品处理，一张照片才告完成。兰德在向女儿做说明的同时，内心却问自己："等等，难道没有可能制造出'同时显影'的照相机吗？"对摄影稍有常识的人，在听了他的想法后都异口同声地说："哪儿会有可能。"并列举一打以上的理由说："简直是一个异想天开的梦。"但兰德却没有因此而退缩，以此为契机，兰德不畏艰难地研制出了"拉立得相机"。这种相机的作用完全依照女儿的希望，因而，兰德企业就此诞生了。

老观念不一定对，新想法不一定错，只要突破思维定式，你也会像兰德一样成功。

当你陷于惯性思维中时，除不质疑让自己改变的能力外，你必须质疑一切。解决惯性思维问题的方案有 3 个步骤，即发现、确信、改正。

1. 发现惯性思维

你可能会在很晚的时候才发现你在进行惯性思维。当你在进行自己的创作时，也许你每天都念叨着自己的小说，每天都写作，一年后，你却发现有 400 页不知所云。你必须养成习惯，经常回顾自己所做的努力，看看自己已经做了什么，以及你将要做什么，并以此来确定你仍然在沿着正确的方向前进，而不是误入歧途。

2. 承认在进行惯性思维

这一条做起来就比说出来难得多了。这需要承认你已经犯下了一个错误，但人们经常不愿意这样做。想一想你最近一次对某个问题思考得殚精竭虑的状况吧。你是否回头看看并承认了这个事实？你是否停了下来，等待情况改天出现好转？或者你是不是在不好的创意产生后，另外想出一个好的办法，试图让时间和单纯的努力得到回报？这种事情很难做到，并且具有讽刺性：你越是规矩死板，那么你想阻止自己的损失、停止愚蠢做法的可能性就越小，结果你所做的一切，不过是让你在思维的牛角尖里钻入得更深而已。

3. 从惯性思维中走出来

一位美国学者说，一个普通的读完大学的学生，将经受 2600 次测试、测验和考试，于是寻求"标准答案"的想法在他的思想中变得根深蒂固。对某些数学问题而言，这或许是好的，因为那儿确实只有一个正确的答案。困难在于，生活中的大部分问题不是这样的。生活是模棱两可的，有很多正确的答案。如果你认为只有一个正确答案，那么当你找到一个时，你就会停止寻找。如果一个人在学校里一直受这种"唯一标准答案"的教育，那么长大毕业后进入工作单位时，当别人告诉他说"请你发明一种新的产品"，或者"请你开拓新的市场"，他将如何应付呢？这突然而来的"发挥创造力，搞创造性的东西"，在学校里根本没有人教过，他怎么会知道呢？当然就只能束手无策、面红耳赤地说不出话来了。

富有创造力的人必然懂得，要变得更有创造力，一开始就得发现众多可能性。每一种可能性都有成功的希望。有些习惯和行为有助于创造力发挥作用，有些则会严重破坏创造力。寻找唯一的答案就会遇到阻力，而寻找多种可能性则会推动创造力的行动。

摧毁专家们的旧图画

生活中有很多权威和偶像，他们会禁锢你的头脑，束缚你的手脚。如果盲目地附和众议，就会丧失独立思考的习性；如果无原则地屈从他人，就会被剥夺自主行动的能力。

任何知识都是相对的，它们具有先进性，也有自己的局限性。有些人虽然知识不多，但初生牛犊不怕虎，思想活跃，敢于奋力拼搏，反而增加了成功的希望。权威人士常因为头脑中有了定型的见解和习惯，甚至是自己苦心研究得到的有效成果，因而紧紧抱住不放，遇到同类事项总是以习惯为标准去衡量，而不愿去思考别人的意见，哪怕是更好更有效的办法。结果，曾经先进过的东西或习惯有时反而会成为创新的障碍。

将一杯冷水和一杯热水同时放入冰箱的冷冻室里，哪一杯水先结冰？很多人都会毫不犹豫地回答："当然是冷水先结冰了！"非常遗憾，错了。发现这一错误的是一个非洲中学生姆佩姆巴。

1963 年的一天，坦桑尼亚的马干马中学初三学生姆佩姆巴发现，自己放在电冰箱冷冻室的热牛奶比其他同学的冷牛奶先结冰。这令他大惑不解，并立刻跑去请教老师。老师则认为，肯定是姆佩姆巴搞错了。姆佩姆巴只好再做一次试验，结果与上次完全相同。

不久，达累斯萨拉姆大学物理系主任奥斯玻恩博士来到马干马中学。姆佩姆巴向奥斯玻恩博士提出了自己的疑问，后来奥斯玻恩博士把姆佩姆巴的发现列为大学二年级物理课外研究课题。随后，许多新闻媒体把这个非洲中学生发现的物理现象，称为"姆佩姆巴效应"。

很多人认为是正确的并不一定就真的正确。像姆佩姆巴碰到的这个似乎是常识性的问题，我们稍不小心，便会像那位老师一样，做出自以为是的错误结论。

著名的实用主义哲学家威廉·詹姆斯，曾经谈过那些从来没有发现他们自己的人。他说一般人只发展了10%的潜在能力。"他具有各种各样的能力，却习惯性地不懂得怎么去利用。"

告诉自己：你是独一无二的，你是最棒的，做最独特、最棒的自己才是我们的选择。

洛威尔说："茫茫尘世、芸芸众生，每个人必然都会有一份适合他的工作。"

在个人成功的经验之中，保持自我的本色及以自身的创造性去赢得一个新天地，是最有意义的。

有一名酷爱文学的学生，苦心撰写了一篇小说，请一位著名的作家指导。可是这位作家当时正好眼睛不适，于是学生便将作品读给作家听。

读完最后一个字，学生停顿下来。作家问："结束了吗?"听语气似乎意犹未尽，渴望下文。这一问，可能写得不错，学生心中暗喜，马上回答说："没有啊，下部分更精彩。"他以自己都难以置信的构思叙述下去。

又"念"了一会儿，作家又似乎难以割舍地问："结束了吗?"

小说看来写得真不错，学生心中暗想着，于是他更兴奋，更激昂，更富于创作激情。他不可遏止地一而再、再而三地接续、接续……最后，电话铃声骤然响起，打断了学生的思绪。

有人打电话找作家有急事，作家匆匆准备出门。

"那么，没读完的小说呢？"学生问。

作家回答："其实你的小说早该收笔，在我第一次询问你是否结束的时候，就应该结束，没必要画蛇添足。看来，你仍然还没能把握情节脉络，尤其是，缺少决断。决断是当作家的根本，拖泥带水，如何打动读者？"学生追悔莫及，自认性格过于受外界左右，作品难以把握，于是放弃了当作家的梦想。

多年以后，这名年轻人遇到另一位非常有名的作家，羞愧地谈及那段往事。谁知这位作家惊呼："你的反应如此迅捷，思维如此敏锐，编写故事的能力如此出众，这些正是成为作家的天赋呀！假如能正确运用，你的作品一定能脱颖而出。"

年轻人盲目迷信权威，结果白白辜负了自己的大好才华。可见，权威的意见固然有他的缘由所在，然而权威只能作为我们人生的参考，却不能取代我们对于自己人生的独立思考。权威可能今天是权威，不代表永远是权威。更何况，权威有很多，你是听信哪个呢？权威不代表真理！如果你多问几句，这是真的吗？如果你改变一下，这次不这样做，结果会是怎样？如果你说不，又会是怎样？不要害怕自己的决定会是错的，因为权威们也不知道真正的事实到底是什么，他们也是以自己的经验做判断。相信自己的决断是正确的，你也实现了自我突破。自我突破走出自己的一条路，是面对权威做出的正确选择，也是实现自我价值的出路所在。

著名物理学家杨振宁谈到科学家的胆魄时曾说："当你老了，你会变得越来越习惯于舒服……因为一旦有了新想法，马上会想到一大堆永无休止的争论。而当你年轻力壮的时候，却可以到处寻找新的观念，大胆地面对挑战。"为什么有些大人物成名之后辉煌难再？其重要原因之一恐怕就在这里。反对研制飞机的那些科学大师们就是这样。因此，我们应该不向习惯低头，敢于挑战权威。

第二节

赢在创新

> 独辟蹊径才能创造出伟大的业绩，在街道上挤来挤去不会有所作为。
>
> ——布莱克

换一个角度，换一片天地

有一位哲人曾经说过："我们的痛苦不是问题的本身带来的，而是我们对这些问题的看法而产生的。"

这句话很经典，它引导我们学会解脱，而解脱的最好方式是面对不同的情况，用不同的思路去多角度地分析问题。因为事物都是多面性的，视角不同，所得的结果就不同。

有时候，人只要稍微改变一下思路，人生的前景、工作的效率就会大为改观。

当人们遇到挫折的时候，往往会这样鼓励自己："坚持就是胜利。"有时候，这会让我们陷入一种误区：一意孤行，不撞南墙不回头。因此，当我们的努力迟迟得不到结果的时候，就要学会放弃，要学会改变一下思路。

其实细想一下，适时地放弃不也是人生的一种大智慧吗？改变一下方向又有什么难的呢？

一位中国商人在谈到卖豆子时，显示出了一种了不起的激情和智慧。

他说：如果豆子卖得动，直接赚钱好了。如果豆子滞销，分三种办法处理：

第一，将豆干沤成豆瓣，卖豆瓣。

如果豆瓣卖不动，腌了，卖豆豉；如果豆豉还卖不动，加水发酵，改卖酱油。

第二，将豆子做成豆腐，卖豆腐。

如果豆腐不小心做硬了，改卖豆腐干；如果豆腐不小心做稀了，改卖豆腐花；如果实在太稀了，改卖豆浆。如果豆腐卖不动，放几天，改卖臭豆腐；如果还卖不动，让它长毛彻底腐烂后，改卖腐乳。

第三，让豆子发芽，改卖豆芽。

如果豆芽还滞销，再让它长大点，改卖豆苗；如果豆苗还卖不动，再让它长大点，干脆当盆栽卖，命名为"豆蔻年华"，到城市里的各间大中小学门口摆摊和到白领公寓区开产品发布会，记住这次卖的是文化而非食品。

如果还卖不动，建议拿到适当的闹市区进行一次行为艺术创作，题目是"豆蔻年华的枯萎"，记住以旁观者身份给各个报社写个报道，如成功可用豆子的代价迅速成为行为艺术家，并完成另一种意义上的资本回收，同时还可以拿点报道稿费。

如果行为艺术没人看，报道稿费也拿不到，赶紧找块地，把豆苗种下去，灌溉施肥，3个月后，收成豆子，再拿去卖。

如上所述，循环一次。经过若干次循环，即使没赚到钱，豆子的囤积相信不成问题，那时候，想卖豆子就卖豆子，想做豆腐就做豆腐！

换个思路，换个角度，变通一下，总会有新的方向和市场。一条路走到黑只会是头破血流，不妨绕道而行，自己的状况也会取得突破。

对于每个人来说，思维定式使头脑忽略了定式之外的事物和观念。而根据社会学、心理学和脑科学的研究成果来看，思维定式似乎是难以避免的。不过经实验证明，人类通过科学的训练还是能够从一定程度上削弱思维定式的强度的，那么，这种训练方法是什么呢？答案是：尽可能多地增加头脑中的思维视角，拓展思维的空间。

美国创造学家奥斯本是"头脑风暴法"的发明人。为了促进人们大胆进行创造性想象、提出更多的创造性设想，奥斯本提出著名的思想原则，以激励人们形成"激烈涌现、自由奔放"的创造性风格。

1. 自由畅想原则

指思维不受限制，已有的知识、规则、常识等种种限定都要打破，使思维自由驰骋。破除常规，使心灵保持自由的状态，对于创造性想象是至关重要的。

例如，从事机械行业的人习惯于用车床切割金属。在车床上直接切割部件的是车刀，它当然要比被切割的金属坚硬。那么，切割世界上已知最硬的东西该怎么办呢？显然无法制出更硬的车刀，于是，善于进行自由畅想的技师发明了电焊切割技术。

2. 延迟评判原则

指在创造性设想阶段，避免任何打断创造性构思过程的判断和评价。

一家企业的管理者在给下属布置任务时指出：只要是有关业务的合理性建议，一律欢迎，不管多么可笑。但他强调，绝不允许批评别人的建议。虽然开始大家有些拘谨，但后来气氛越来越活跃。结果，征集到了100多条合理性建议，企业的发展因此出现了大幅度的飞跃。

3. 数量保障质量原则

指在有限的时间内，提出一定的数量要求，会给设想的人造成心理上的适当压力，往往会减少因为评判、害怕而造成的分心，提出更多的创造性设想。在实践中，奥斯本发现，创造性设想提的越多，有价值的、独特的创造性设想也越多，创造性设想的数量与创造性设想的质量之间是有联系的。数量保障质量原则就是利用了这一规律。

4. 综合完善原则

指对于提出的大量的不完善的创造性设想，要进行综合和进一步加工完善的工作，以使创造性设想更加完善和能够实施。

奥斯本的四项原则，虽然是用于小组创造活动的，但是，这四条原则保障创造性设想过程能够顺利进行，因此，对于个人进行创造性思维启发是巨大的。

要解决一切困难是一个美丽的梦想，但任何一个困难都是可以解决的。一个问题就是一个矛盾的存在，只要在矛盾之中，尝试着拓展思路去看问题，寻找到一个合适的矛盾介点，就可以迎来一个柳暗花明的新局面。

创新思维是创造活动的前提

创新是 21 世纪最热门的话题，各行各业都在大力倡导创新。

创新决定发展，不创新就意味着淘汰出局。而所有的创新都源于思维：没有灵活的头脑，一切创新都无从谈起。因此，提升头脑的创新能力，已经成为每一个现代人都无法回避的当务之急。

千百年来，人类正是凭借着创新思维在不断地认识世界、改造世界。创新思维给人类前进和创造财富提供了原动力。从这个意义上说，人类所创造的一切成果，都是创新思维的物化。古往今来，人们赞美创造，崇尚科学发明，敬仰策划大师，但对人类这种创新思维的本质、物化及其发展等问题，却了解甚少。

人都一般具有正常的思维能力和思维形式，但一般的思维不一定能产生创造。创新思维与一般思维尤其是逻辑思维大不相同。

创新思维指的是开拓、认识新领域的一种思维，简单地说，创新思维就是指有创见的思维，是人们在已有经验的基础上，从某些事实中更深一步地找出新点子、寻求新答案的思维。

创新思维是潜伏在你头脑中的金矿，它绝不是什么天才之类的独特力量和神秘天赋。运用创新思维，你可以顺利解决大到宏伟的计划，小到日常纠纷中的难题。

那么，什么是创新思维？举个例子，一个艺人举着一块价值9美元的铜板叫卖：价值28万美元。人们不了解，就问他怎么回事。他解释说："这块价值9美元的铜板，如果制成门柄，价值就增为21美元；如果制成工艺品，价值就变成300美元；如果制成纪念碑，价值就应该达到28万美元。"他的创意打动了华尔街的一位金融家，结果，那个铜板最终制成了一尊优美的胸像——一位成功人士的纪念像，最终价值为30万美元。从9美元到30万美元，这就是人的创新思维的功劳。

一个人从小学到大学接受的教育基本上都是逻辑思维。逻辑思维是在现有知识、经验之内的思维活动，虽然有时候它可以导致一些发现、发明，但是，它们一般都拘泥于已学过的知识，只是在某个范围内按照已知的规律进行判断和推理，从而得出一些结论。

创新思维与逻辑思维相比，不同点主要在于它具有新颖性、独创性及突破逻辑思维的严谨性。与逻辑思维不同，创新思维是要突破已有的知识与经验的局限，常常是在看来不合逻辑的地方发现突破口。创新思维在很大程度上是以直观、猜测和想象为基础而进行的一种思维活动，光凭逻辑思维是不能使一个人产生新思想的。有人说："对科学行动与积累进行逻辑分析实在是科学发展的一大障碍；科学家越推崇逻辑，他们推理的科学价值就越低，这样说是绝对不过分的。逻辑学所关心的是正确性与确实性，与创新思维完全无关。"这些论述虽有一些局限性，但却进一步说明创新思维与逻辑思维是不同的。

创新思维本质上就是各种不同思维形式的对立统一，它是一种辩证的思维。

爱因斯坦曾说："人是靠大脑解决一切问题的。"头脑中的创新思维是人们进行创新活动的基础和前提，一切需要创新的活动都离不开思考，离不开创新思维。

有人说创新思维就是指有创见的思维，它是人们在已有经验的基础上，从某些事物中更深一步地找出新点子，寻求新答案的思维；也有人说创新思维是指对事物间的联系进行前所未有的思考，从而创造出新事物的思维方法；还有人说创新思维是一切具有崭新内容的思维形式的总和……不管是哪种解释，总之一句话，凡是能想出新点子、创造出新事物、发现新路子的思维都属于创新思维。

创新思维是一切创新活动的开始。因此，我们要学好、用好创新思维，融会贯通，充分激发自己的创新潜能。美国心理学家邓克尔通过研究发现，人们的心理活动常常会受到一种所谓"心理固着效果"的束缚，即容易只把已存在的看成是合理的、可行的，因而在看待某些事物，思考某种问题时，很容易沿着原有的旧思路延伸，受到传统模式的严重羁绊而无法突破创新。

要想培养创新思维，必先打破这种"心理固着效果"，勇敢地冲破传统的看事物想问题的模式，通过全新的思路来考察和分析问题，进而才有可能产生大的突破。

创新就是看到别人所还未看到的，想到别人还未想到的，站在上升、前进和发展的立场上，破除思想僵化、墨守成规、安于现状的思维状态，突破思维的定式，提出新问题、解决新问题，促进旧事物的灭亡、新事物的成长和壮大，实现事物的发展。

缺乏创新思维往往是由于自我设限造成的，随着时间的推移，我们所看到的、听到的、感受到的、亲身经历的各种现象和事件，一个个都进入到我们的头脑中而构成了思维模式。这种模式一方面指引我们快速而有效地应对处理日常生活中的各种小问题，然而另一方面，它却无法摆脱时间和空间所造成的局限性，让人难以走出那无形的边框而始终在这个模式的范围内打转转。创新对于成功有着至关重要的意义，我们应在生活中不断训练和深化自己的创新思维。但是培养创新思维也是有条件的，我们在此之前还必须得具备两种能力。

第一，独立思考的能力。只有养成了独立思考的习惯，才能在风风雨雨的事业之路上闯出一片天地。独立思考是一个人成功的最重要、最基本的心理素质，做一个具有创造性的人，并且在所进行的创造中获得无穷的乐趣！一位学者指出："人们只有在好奇的引导下，才会去探索被表面所遮盖的事物的本来面貌。"好奇，可以说是创造的基础、动力。创造性思维构想的事物有如火花般闪现一瞬，稍纵即逝，这种稍纵即逝的思维的火花就是灵感。所以我们在工作中一旦发现有利于事业发展的意念、灵感，就要赶快抓住。

第二，敢于付诸行动的能力。具有创造性的员工，绝不会仅仅是个空想者，如果你拥有了创新的观点，必须立刻付诸行动。马上去做，放手去做，你就会有力量，可以克服眼前的困难，克服恐惧，达到全新的境界。如果员工总给老板提意见，而不去勤奋刻苦地工作，也不敢尝试新的方法，就会因恐惧失败而不敢迈向人生的高峰。

总之，创新是成功的牵引力，它牵引着你的梦想之旅，促使你踏上成功之路、快乐之途，创造出双赢的局面。

"与时俱进，开拓创新"是新时代吹响的号角，是当代竞争所产生的必然要求。谁没有创新能力，谁就没有新的进展；谁忽视创新，谁就无法突破事业发展的瓶颈。

形成创新思维的习惯

如何保持创新思维，直接关系到一个人的事业成败，因为只有创新才能激活自己全身的能量，才能更好地投入到事业中。

邹衡教授说过："为什么有那么多人不能拯救自己，始终陷入痛苦的挣扎中呢？就是因为他们有健康的身体，却无健康的大脑，没有认真思考的能力，完全不能根据自身条件和时机寻找一条有创意的道路。创新思考是你在百般无奈时、沉思默想时意外地发现，是一种细致的观察，是一种才智的爆发！"

生活中，思维创新更是不可缺少的。以求职为例，职业的多样性，给每个求职者提供了可能。那种认为只有一种职业适合自己的观点，肯定是错误的，因为它本来就缺少创意，仅仅是一种不愿努力改变自身被动状态的懒惰心理而已。

唯有工作改变才能创新人生。

这就是说，现代人试图改变人生的方法就是把智慧用在工作的创新中，力戒一种工作适合于自己的观点。用不同的工作挑战自我，就是最大的创新！

而这些，只有通过思考才能实现。想成功就要开动大脑，思考自己的未来，才会有所突破，你的人生才会多姿多彩。

一位教授说过："考试的时候，你们把我讲的内容全部复述出来，最多也只能得'良'，我要的是你们自己的思想。"这种学术上的包容不仅开拓了学生的思维，影响到他们的学生时代，而且对他们日后的工作思路和方法都是一个启迪、一份宝贵的思想财富。

如果你想成功，一定要养成思考创新的习惯，因为它是成大事的催化剂。你要不停地思考，在学习前人优秀的东西的同时，要用创新思考的习惯，突破前人的束缚，突破这张网。

18 世纪化学界流行"燃素学"。这种认为物体能燃烧是由于物体内含有燃素的错误学说，严重束缚了人们的思想，许多科学家都去积极寻找燃素，没有一个人对此表示怀疑。瑞典化学家舍勒也是热衷于寻找燃素的人，他从硝酸盐、碳酸盐的实验中，得到了一种气体，实际上就是氧气。但他却以为自己找到了燃素，命名为"火气"，并解释为火与热是火气与燃素结合的产物。舍勒如果不受燃素说的影响，当时就得到了氧气的发现权。英国人普利斯特在实验中也得到了氧气，可是也因为笃信燃素说，而把氧气说成"脱燃素的空气"，遭到了和舍勒同样的命运。

后来，普利斯特把加热氧化汞取得"脱燃素的空气"的实验告诉了拉瓦锡。拉瓦锡却未从众，他不受"燃素说"的束缚，大胆地提出怀疑，经过分析，终于取得了氧气的发现权，使化学理论进入了一个新的时期。

要善于思考、敢于否定前人，培养提出问题的能力。学习新知识，不能完全依靠老师，也不能盲目迷信书本，应勇于质疑。勇于提出问题，这是一种可贵的探索求知精神，也是创造的萌芽。由于知识的继承性，在每个人的头脑里都容易形成一个比较固定的概念世界，而当某些经验与这一概念世界发生冲突时，惊奇就开始产生，问题也开始出现。而人们摆脱"惊奇"和消除疑问的愿望，便构成了创新的最初冲动，因此"提出问题"是创新的重要前提。

多少年来，不知有多少人为创新而向历史发出了挑战，或许人们已经把他们的容貌淡忘了，但他们的精神，他们对历史作出的贡献却影响着一代又一代的人们。你应把创新作为自己思考的特质之一，努力地成就自己的事业。

知识改变命运，创新成就未来。如果没有创新意识与创新能力，我们每个人、每个企业乃至我们的国家就不可能赢得未来竞争中的生存与发展的空间，我们将不得不处处受制于人。因此，自主创新之路，是我们每个人义不容辞的责任与义务，我们要学会创新，善于创新，我们应从身边的小事做起，一步一个脚印地做好创新的工作，完成创新的使命。

创新活动共分5个阶段。

第一个阶段：最初的观念。

你有一个问题要解决或有一件事要做，你想找一个更好的工作，你的房子需要重新装修一下，你想把你们公司里的废料做成有用的副产品，等等，这些都属于最初的观念。

第二个阶段：准备阶段。

现在你要寻找一个发展这个处在萌芽状态下的观念的所有可能的方法。尽可能多地收集相关资料，阅读有关书籍，记笔记，和别人交谈，提出问题。要善于接受新东西。这些都是开动我们想象力的跳板。

第三个阶段：酝酿阶段。

可让你的潜意识活动起来。散散步、小睡一会儿、洗个澡、做做其他的工作或娱乐一会儿，把问题留到以后再解决。正如作家埃德娜·弗伯说过的："一个故事，要在它自己的汁液里慢慢炖上几个月甚至几年，才能成熟。"

第四个阶段：开窍阶段。

这是创新过程的最高阶段。思维豁然开朗，一切东西都突然变得井井有条。达尔文一直在为写作《进化论》收集材料，直到有一天，当他坐在马车里旅行时，这些材料都突然一下子融为一体了。达尔文写道："当解决问题的思想令人愉快地跳进我脑子里的时候，我的马车驶过的那个地方我至今还记得清清楚楚。"开窍是创新过程中最令人兴奋和愉快的阶段。

第五个阶段：核实阶段。

不管你的见识多么高明，但开窍时得到的启示可能是根本靠不住的，这时便要发挥理智和判断的作用。你的预感或灵感都要经过逻辑推理加以验证。你要回过头来尽可能客观地看待你的设想。你要征求别人的意见，对这出色的设想加以修正，使之趋于完善；而且，经过核实，你往往会得出更新、更好的见解。

为帮助你进行创新活动，这里提供一些参考性意见。

首先你必须激发自己，要有一个明确的目的，一个强烈的愿望。

最好的主意往往出自那些渴望成功的人。爱迪生为了能继续工作，就以拼命多赚钱来激励自己。在成了百万富翁以后，他说："任何不能卖钱的东西我是不会发明的。"

其次你还必须为自己制造一种紧迫感，戒除拖延的恶习。给自己规定一个期限以提出新的思想。期限规定不但要合理，而且要有鞭策性，以造成必要的压力。期限规定后要坚决贯彻执行。

成功者总是走在别人前面。有时，你比别人多想一点，比别人多走一些，就能看到别人没有看到的机会。因此，养成创新的习惯，将利于我们更快更好地捕捉机遇，使我们拥有一个更广阔的人生。

第三节

突破人生的瓶颈

> 对自己不满足，是任何真正有天才的人的根本特征。
>
> —— 契诃夫

不做盲从的呆瓜

盲从是一种很普遍的社会现象。盲从的人误以为："看我多机灵，不落后于他人，别人刚这么做，我就也这么做了。"盲从的人失去了原则，往往给自己带来损失或伤害。而要想在生活中、事业上有所成就，就必须摆脱盲从众人的不良习惯，善于用自己的头脑思考问题，做出正确的人生选择。

跟风、随大流是人类的"通病"和习惯，是思维懒汉的"专利"，是我们内心中难以觉察到的消极幽灵。许多人总认为多数人这样做了就一定有道理，自己何必多加考虑，随大流就是了。甚至，有时从众的习惯明显存在严重缺陷，可人们仍不愿批评它，依然盲目跟随，从而导致无谓的悲哀和失败。盲从是一种被动的寻求平衡的适应，是在虚荣之风裹挟下的随大流。它源于从众，出于无奈，又有不得已而为之的意味。

每年高考报志愿时，大家都会看到这样的场面：莘莘学子拿着报考志愿表，在选择填报哪个学校与专业时却表现得束手无策。大家纷纷想寻找"热门"专业，同时对自己能否考上也心存怀疑，所以难免会发出询问："老师，他们都填报了计算机系，你看我是不是这块料？"

在犹豫和怀疑之后，许多优秀学生最终都选择了大家趋之若鹜的"热门专业"。然而，到大学临近毕业时，他们才发现这些"热门行业"其实并不好就业。

这种现象，是在职业选择上的典型的从众心理，此类错误普遍存在，说明很多人并没有意识到社会需求的一条客观规律：物以稀为贵。

一旦千军万马都去挤一座独木桥，那么就会使桥坍塌的可能性大大增加。相反的，如果你能独具慧眼，另辟蹊径，见人之所未见，则往往更能适合社会的需要，也就更容易在社会上生存并取得成功。

生活中，很多人都有跟风、从众的心理特点和行为取向。

有个人一心一意想升官发财，可是从年轻熬到斑斑白发，却还只是个小公务员。这个人为此极不快乐，每次想起来就掉泪，有一天竟然号啕大哭起来。

一位新同事刚来办公室工作，觉得很奇怪，便问他因为什么难过。他说："我怎么不难过？年轻的时候，我的上司爱好文学，我便学着作诗、写文章，想不到刚觉得有点小成绩了，却又换了一位爱好科学的上司。我赶紧又改学数学、研究物理，不料上司嫌我学历太浅，不够老成，还是不重用我。后来换了现在这位上司，我自认文武兼备，人也老成了，谁知上司喜欢青年才俊，我……我眼看年龄渐高，就要被迫退休了，却还一事无成，怎么不难过？"

可见，没有自我的生活是苦不堪言的，没有自我的人生是索然无味的，丧失自我是悲哀的。要想拥有美好的生活，自己必须自强自立，拥有良好的生存能力。没有生存能力又缺乏自信的人，肯定没有自我。一个人若失去自我，只是一味盲从，就会丧失做人的尊严，自然也就与成功无缘了。

一场多边国际贸易洽谈会正在一艘游船上进行，突然发生了意外事故，游船开始下沉。船长命令大副紧急安排各国谈判代表穿上救生衣离船，可是大副的劝说失败。船长只得亲自出马，他很快就让各国的商人都弃船而去。大副为此惊诧不已。船长解释说："劝说其实很简单。我对英国人说，跳水是有益健康的运动；对意大利人说，不那样做是被禁止的；对德国人说，那是命令；对法国人说，那样做很时髦；对俄罗斯人说，那是革命；对美国人说，我已经给他上了保险；对中国人说，你看大家都跳水了。"

这只是则笑话，捧腹之余，不难引发我们关于各国文化差异的思索。从中可以看出，中国人虽然灵活，但是比较喜欢盲从他人，不能坚持自己的原则。

前几年的流行事物中最令人惊讶的是人们对于山地自行车的青睐。该车型适宜爬山坡和崎岖不平的路面，对于平坦的都市马路毫无用处。山地车骨架异常坚实沉重，车把僵硬别扭，转向笨拙迟缓，根本无法对都市复杂的交通做出灵巧的应变。一天折腾下来，腰酸背痛，加上尖锐刺耳的刹车声，真正是一个中看不中用的东西。放着好端端的轻便车或跑车不骑，却要弄上一辆如此蠢拙之物，好像一个人丢下良马，偏要骑那笨牛一样。时髦先生们头戴耳机，腰挎"随身听"，脚踩山地车，一身牛仔服，表面上自我感觉良好得一塌糊涂，然而，这份潇洒的背后，却有许多无奈。

若把时髦比喻成一座令人心摇旌荡的山峰，山地车的功能便昭然若揭了。追赶时尚，大约就像骑那山地车一样，即便累个半死，也是心甘情愿。究其根源："为什么这样？"必答曰："别人都这样！"

盲从的人误以为："看我多机灵，不落后于他人，别人刚这么做，我就也这么做了。"盲从的人失去了原则，往往给自己带来损失或伤害。而要想在生活中、事业上有所成就，就必须摆脱盲从众人的不良习惯，善于用自己的头脑思考问题，做出正确的人生选择。

活着应该是为充实自己，而不是为了迎合别人的意旨。每个人都应该坚持走为自己开辟的道路，不受他人的观点影响。我们无法改变别人的看法，能改变的仅是我们自己。

自闭是一种自我囚禁

自闭是自我囚禁的牢笼，是对自己融入群体的所有机会的封杀。自闭不仅让自己失去对生活的信心，而且会严重地腐蚀心灵，导致做任何事情都消极萎靡，心灰意懒。 因此，人们要走出自闭，让心灵在蓝天白云下自由健康地呼吸。

每个人活在世上都有追求，并且希望达到完善，这本是一种天性。但人性的历程始终是得失相随，难有十全十美的时候，因而每个人也都应该有一定的心理承受能力才行。特别是当人们遇到挫折或打击后，应积极努力地将紧张或焦虑心态转移或发泄出来，防止其持续作用而损害健康。如果人们面对挫折和打击，将自己"封闭"起来，甚至消极悲观，独居一隅，这样发展下去，就会构成现代生活易发的"自闭"心理状态。

暂时的自闭孤独有时也是一种休息、放松及宣泄。但是这种自闭只能是暂时的，如果长时间陷入其中，必然会导致心灵的失衡，形成好走极端的倾向。而且，长期的封闭会阻隔个人与社会的正常交往。处在封闭环境之中的人，感觉不到封闭，就必然导致精神的萎靡，思维的僵滞，它使人认知狭窄，情感淡漠，人格扭曲，最终可能导致人格异常与变态。

在一家生物公司工作的小张和一名同事一起参加了优秀员工的角逐，但结果是他落选了，他的同事被选上了。小张很不服气地说："论能力、论口才，我哪一点比他差？可他选上了，我却落榜了，不就是那个副经理是他老乡吗，有什么了不起。"于是，以后的其他活动他也"不屑"参加。

不得不承认，工作里好多事情也是少不了人情的，有些事情也是依靠人情才能解决的。既然现实已经如此，就不得不接纳，去坦然面对。像小张这样的人一遇到挫折就怨天尤人、一蹶不振，很容易走向自闭。

在社会里，经历小张这般遭遇的为数不少。起初，他们都是抱着一腔热忱，想在工作中大展身手，但现实却令他们失望，受了点挫折便自暴自弃了，甚至"心如死灰"，似乎"看破了红尘"、"世人皆醉我独醒"……这些人大多数在上学期间活泼开朗，只是到了工作时才"连连受挫"，因此也无意于"争名夺利"了，也不再"出头露面"了，逐渐变得内向、自闭起来。

自我封闭的心理具有一定的普遍性，各个历史时期、不同年龄层次的人都可能出现，其症状特点有：不愿意与人沟通、害怕和人交流、讨厌与人交谈，逃避社会，远离生活，精神压抑，对周围环境敏感。由于他们的自我封闭，所以常常忍受着难以名状的孤独寂寞。然而，如果一个人总是将自己封闭在一个狭窄的圈子内，对自己、对社会都没有好处，因此我们一定要走出自闭的心理怪圈。

一个富翁和一个书生打赌，让这位书生单独在一间小房子里读书，每天有人从高高的窗外往里面递一回饭。假如能坚持10年，这位富翁将满足书生所有的要求。于是，这位书生开始了一个人在小房子里的读书生涯。他与世隔绝，终日只有伸伸懒腰，沉思默想一会儿。他听不到大自然的天籁之声，见不到朋友，也没有敌人，他的朋友和敌人就是他自己。

很快，这位书生就自动放弃了这一赌局。

因为书生在苦读和静思中终于大彻大悟：没有朋友与自己一道品味生活，分享人生，10年后，即便大富大贵又能怎样？

从这个故事中我们得到了很多启发：

可以说自从世界上出现人类以来，相互交往就一直存在，即使是病人，聚在一起也比独处要轻松。尤其是现代社会，与世隔绝、独处一室是非常不切实际的做法，人际关系就像是心灵的一脉清泉，在你迷茫失意时给你以滋润，在你孤单寂寞时，给你以慰藉。人际关系又像是一盏灯，在人生的山穷水尽处，指引给你柳暗花明的又一村繁华。

许多杰出的人士，之所以被能力不如自己的人击垮，就是因为不善与人沟通，不注意与人交流，被一些非能力因素打败。在中国这样的一个看重人情世故的国家，不能融入人群无异于自毁前程，把自己逼入死胡同。

而懂得人情的聪明人，平时就很讲究感情投资，讲究人缘，其社会形象是常人不可比的，遇到困难很容易得到别人的支持和帮助。因此，这样的聪明者其交友能力都较一般人占有明显的优势。

总而言之，人是高级的感情动物，注定要在群体中生活，而组成群体的人又处在各种不同的阶层，适当时进行感情投资，有利于在社会上建立一个好人缘。只有人缘好，才能有一个好的形象，你的人际交往才能如鱼得水，你的生活才能更加顺利和美满。

西德尼·史密斯曾说过："生命是由众多的友谊支撑起来的，爱和被爱中存在着最大的幸福。"一个人如果不能处理好人际关系，就犹如在雷区里穿行，举步维艰。反过来，一个左右逢源的人则能够在人生中游刃有余，一路欢歌。

撩开羞怯的面纱

古代说女子之美，多有对犹抱琵琶半遮面的羞涩之态的赞叹，也有"女人含而不露，谓之羞"的说法，现代也有形容女人未见开口先绯红满面的羞态。但是凡事都有度，如果见到任何人、遇到任何事都羞怯躲闪，那就不好了。因此，我们一定要从此时开始，鼓起勇气与羞怯说再见。

有位名人说过："害羞是人类最纯真的感情现象。"通常情况下，是人就知道害羞。这种内心不安、惶恐的表现是人成长过程中正常的焦虑现象，但如果这种焦虑持久而严重地干扰了人的正常生活，则成为一种心理病态——社交焦虑症。精神病学家戴维德·西汉教授认为："害羞的症结在于怕别人对自己的印象不好而招致羞辱。"他把害羞的原因归结为大脑中负责负面情绪的区域对陌生情况的反应过度。不过，新的研究表明，容易害羞的人的大脑皮层，对外界的所有刺激的反应，都比外向的人更加敏感。美国国家卫生研究院发展心理学家阿曼达·盖耶领导下的研究者、儿童精神病学家莫妮克·厄恩斯特说："迄今为止，人们认为羞涩往往会导致人避开社交场景，我们的研究是让大家知道，在羞涩的人的大脑中，与犒赏系统有关的区域的活动更加强烈。"

在美国有40%的成年人有羞怯表情，在日本60%的人为自己害羞，在我们国家则几乎所有的人都有羞怯的时候，连宋代大诗人苏轼也曾有过"归来羞涩对妻子"的尴尬场面。心理学家认为，羞怯心理并不都是消极的，适度的羞怯心理是维护人们自尊的重要条件。有人调查表明，羞怯的人能体谅人，比较可靠，容易成为知心朋友，他们对爱情比较忠诚，能保持自己的贞操。女性适度的羞怯，可以使之更显得温柔和富有魅力。一个害羞的女大学生对潇洒的男子来说其吸引力可超过一个漂亮的交际花。当然，这里讲的是"适度"，如过于羞怯，那就成了心理障碍，会给自己的交际和生活带来许多不必要的障碍和苦恼。

从心理学的角度看，羞怯起因于许多事情，但无论是先天的羞怯还是后天的，都可以通过一些行为技巧去克服。

（1）做一些克服羞怯的运动。例如：将两脚平稳地站立，然后轻轻地把脚跟提起，坚持几秒钟后放下，每次反复做30下，每天这样做两三次，可以消除心神不定的感觉。

（2）害羞使人呼吸急促，因此，要强迫自己做数次深长而有节奏的呼吸，这可以使一个人的紧张心情得以缓解，为建立自信心打下基础。

（3）改变你的身体语言。最简单的改变方法就是 SOFTEN——柔和身体语言，它往往能收到立竿见影的效果。所谓"SOFTEN"，S 代表微笑；O 代表开放的姿势，即腿和手臂不要紧抱；F 表示身体稍向前倾；T 表示身体友好地与别人接触，如握手等；E 表示眼睛和别人正面对视，N 表示点头；显示你在倾听并理解它。

（4）主动把你的不安告诉别人。诉说是一种释放，能让当事人心理上舒服一些，如果同时能获得他人的劝慰和帮助，当事人的信心和勇气也会随之大增。

（5）循序渐进，一步步改变。专家告诉我们，克服害羞是一项工程，也是一场我们一定能够打赢的战斗，每一个胜利都是真实可见的，只要我们去做。

（6）学会调侃。首先得培养乐观、开朗、合群的性格，注重语言技术训练和口头表达能力，还要去关注社会、洞察人生，做生活的有心人。"调侃"对于害羞的人而言，是一味效果很不错的药剂。服了它，你的一句话，可能就会让生活充满情趣，让你自己也充满自信。

（7）讲究谈话的技巧。在连续讲话中不要担忧中间会有停顿，因为停顿一会儿是谈话中的正常现象。在谈话中，当你感觉脸红时，不要试图用某种动作掩饰它，这样反而会使你的脸更红，进一步增加你的羞怯心理。想到羞怯并不等于失败，这只是由于精神紧张，并非是你不能应付社交活动。

（8）学会克制自己的忧虑情绪，凡事尽可能往好的方面想，多看积极的一面。

羞怯是人际交往的一道障碍，让我们从羞怯中走出来吧，抛开羞怯心理，我们将能更好地享受集体生活的欢娱。

羞怯是一种难以描绘的情感屏障，是人人都能触及的精神茧壳，而人往往又在这种心理的网罗下，作茧自缚。要想破茧成蝶，就要打开束缚，勇敢地面对生活。

死要面子活受罪

中国人常说："人活一张脸，树活一层皮。""面子"在我们的传统道德观念中的地位之重可见一斑。可以说，中国社会对人的约束主要就是廉耻和脸面，然而若因此就一切以"面子"为重，养成死要面子的人生态度也未必是好事。

有一个人做生意失败了，但是他仍然极力维持原有的排场，唯恐别人看出他的失意。为了能重新振作起来，他经常请人吃饭，拉拢关系。宴会时，他租用私家车去接宾客，并请了两个钟点工扮作女佣，佳肴一道道地端上，他以严厉的眼光制止自己久已不知肉味的孩子抢菜。虽然前一瓶酒尚未喝完，他已打开柜中最后一瓶XO。当那些心里有数的客人酒足饭饱告辞离去时，每一个人都热情地致谢，并露出同情的眼光，却没有一个人主动提出帮助他。

希望博得他人的认可是一种无可厚非的正常心理，然而，人们在获得了一定的认可后总是希望获得更多的认可。所以，人的一生就常常会掉进为寻求他人的认可而活的爱慕虚荣的牢笼里面，面子左右了他们的一切。

70多年前，林语堂先生在《吾国吾民》一书中认为，统治中国的三女神是"面子、命运和恩典"。"讲面子"是中国社会普遍存在的一种民族心理，面子观念的驱动，反映了中国人尊重与自尊的情感和需要，但过分地爱面子就会形成一种离志的心理，如果任其演化下去，终将得不偿失。

有一个博士分到一家研究所，成为该单位学历最高的人。

有一天他到单位后面的小池塘去钓鱼，正好正副所长在他的一左一右，也在钓鱼。

他只是微微点了点头，这两个本科生，有啥好聊的呢？

不一会儿，正所长放下钓竿，伸伸懒腰，蹭蹭蹭从水面上如飞地走到对面上厕所。

博士眼睛瞪得都快掉下来了。水上漂？不会吧？这可是一个池塘啊。

正所长上完厕所回来的时候，同样也是蹭蹭蹭地从水上漂回来了。

怎么回事？博士生又不好去问，自己是博士生哪！

过了一阵，副所长也站起来，走几步，蹭蹭蹭地飘过水面上厕所。这下子博士更是差点昏倒：不会吧，到了一个江湖高手集中的地方？

博士生也内急了。这个池塘两边有围墙，要到对面厕所非得绕10分钟的路，而回单位上又太远，怎么办？

博士生也不愿意问两位所长，憋了半天后，也起身往水里跨："我就不信本科生能过的水面，我博士生不能过。"

只听"咚"的一声，博士生栽到了水里。

两位所长将他拉了出来，问他为什么要下水，他问："为什么你们可以走过去呢？"

两所长相视一笑："这池塘里有两排木桩子，由于这两天下雨涨水正好在水面下。我们都知道这木桩的位置，所以可以踩着桩子过去。你怎么不问一声呢？"

上面的这个例子再经典不过了，一个人过于爱惜面子，难免会流于迂腐。"面子"是"金玉其外，败絮其中"的虚浮表现，刻意地张扬面子，或让"面子"成为横亘在生活之路上的障碍，终有一天会吃到苦头。因此，无论是人际方面还是在事业上，我们都不要因为小小的面子，为自己的生活带来不必要的麻烦和隐患。

顾名思义，"面子观"是一种死守面子、唯面子为尊的价值观念和行事思想。"面子观"对我们行事做人有很大的束缚。因此，在不利的环境下我们要勇于说"不"，千万别过多地考虑"面子"，使自己陷入"面子观"的怪圈之中。

事实上，我们没必要为了面子而勉强使自己显得处处比别人强，仿佛自己什么都能做到。每个人都有缺陷，不要试图每一方面都在人上。聪明的人，敢于承认不如人，也敢于对自己不会做的事说不，所以他们自然能赢得一份适意的人生。

一位作家的寓所附近有一个卖油面的小摊子。一次，这位作家带孩子散步路过，看到生意极好，所有的椅子都坐满了人。

作家和孩子驻足围观，只见卖面的小贩把油面放进烫面用的竹捞子里，一把塞一个，仅在刹那之间就塞了十几把，然后他把叠成长串的竹捞子放进锅里。

接着他又以极快的速度，熟练地将十几个碗一字排开，放作料、盐、味精等，随后他捞面、加汤，做好十几碗面的时间竟不到5分钟，而且还边煮边与顾客聊着天。

作家和孩子都看呆了。

当他们从面摊离开的时候，孩子突然抬起头来说："爸爸，我猜如果你和卖面的比赛卖面，你一定输！"

对于孩子突如其来的话，作家莞尔一笑，并且立即坦然承认，自己一定输给卖面的人。作家说："不只会输，而且会输得很惨。我在这世界上是会输给很多人的。"

他们在豆浆店里看伙计揉面粉做油条，看油条在锅中胀大而充满神奇的美感，作家就对孩子说："爸爸比不上炸油条的人。"

他们在饺子饭馆，看见一个伙计包饺子如同变魔术一样，动作轻快，双手一捏，个个饺子大小如一，作家又对孩子说："爸爸比不上包饺子的人。"

"尺有所短，寸有所长"，一个人若刻意追求"面面俱到"，以使自己在人前人后占尽风光，其结果只能是徒耗精力，事与愿违。因此，故事中的父亲坦然承认自己的技不如人之处，并将这种豁达大度的生活态度教给自己的孩子，使他能在今后的生活中，坦然面对自己的弱势，不因虚荣而盲目与人、与自己较劲，这不能不说是明智之举。

当我们放眼这个世界的时候，如果以自我为中心，很可能会以为自己了不起，可一旦我们平静下来，用坦诚的心去观察自己，你就会发现自我是多么的渺小。我们什么时候看清自己不如人的地方，那就是对生命真正有信心的时候。

人生道路上，让我们常常被那些华丽而光彩的语句击昏了头，以不屈不挠、百折不回的精神坚持自己的强势，在一小方领域里死不认输，而最后却输掉了整个人生。所以，正确剖析自己，敢于承认技不如人，放下不值钱的面子，走出面子围城，这不是软弱，而是人生的智慧。

自负阻碍成功

许多人总是把自负当成是激励自己继续努力和赖以为生的精神动力，事实上，自负是一种精神与心灵上的盲目。

综观历史，一些成功人士的失败，无不源于在成就面前的忘乎所以、我行我素、目空一切。

被人称为"美国之父"的富兰克林，少年得志、豪情满怀、意气风发，他的表现、风度自然也是挺胸阔步、昂首视人。

一位爱护他的老前辈意识到，一位有成就的普通人如此表现无可厚非，但作为国家领导人，这样很危险。于是他将富兰克林约出来，地点选在一所低矮的茅屋。富兰克林习惯于昂首阔步、大步流星，于是一进门只听"嘭"的一声,他的额头顿时起了一个大包,痛得连声叫喊。

迎出来的老前辈说:"很疼吧!对于习惯仰头走路的人来说,这是难免的。"富兰克林终于有所领悟。

俗话说:"满招损,谦受益。"骄傲自大的人,常因"鼻孔朝天"而四处碰壁,而谦虚的人却能时刻保持谨慎诚恳的姿态,踏踏实实地走稳人生之路。

"满"不是自我张扬,"谦"也不是自我压抑,最关键的是站在成功面前,以一颗平和的心面对未来,只有这样,才能把自己的成就保持长久。世人皆知的爱迪生的晚年经历也许能给我们一些启发。

当初那个锐意进取的爱迪生,到了晚年曾说过一句令人们目瞪口呆的话:"你们以后不要再向我提出任何建议。因为你们的想法,我早就想过了!"于是悲剧开始了。

1882年,在白炽灯彻底获得市场认可后,爱迪生的电气公司开始建立电力网,由此开始了"电力时代"。当时,爱迪生的公司是靠直流电输电的。不久,交流电技术开始崭露头角,但受限于数学知识(交流电需要较多数学知识)的不足,更受限于孤芳自赏的心态,爱迪生始终不承认交流电的价值。凭借自己的威望,爱迪生到处演讲,不遗余力地攻击交流电,甚至公开嘲笑交流电唯一的用途就是做电椅杀人!发展交流电技术的威斯汀豪斯公司,一度被爱迪生压得抬不起头。

但一朝不等于一世,后来那些崇拜、迷信爱迪生的人在铁的事实面前惊讶地发现:交流电其实比直流电要强得多!

爱迪生辉煌的人生在接近尾声时栽了一个致命的大跟头,而且再也没能爬起来,成了他一生挥之不去的败笔。

是什么使爱迪生前后判若两人?是什么毁了一个功成名就的伟人?在逆境中,爱迪生保持了惊人的毅力与良好的心态;在顺境中,他却像历史上很多伟人一样,沉浸在自己的成就中,变得狂妄、轻率而固执。从那一刻起,他前半生积累的一切成就,全部变成了负数,阻碍了社会进步，也毁了自己的一世英名。

　　不要相信能人会永远英明，即便连伟大的爱迪生，到晚年都保不住自己的"品牌"。古今中外的很多伟人都难逃"成功—自信—自负—狂妄—轻率—惨败"的怪圈。真正聪明的人，总是在为事业奠定了物质和制度基础后，平视自己的成就，平视周围的人，而不是仰视成就、俯视周围的人和事，只有这样的人才可能事业常青。

　　俄国作家契诃夫曾说："人应该谦虚，不要让自己的名字像水塘上的气泡那样一闪就过去了。"即使你拥有广博的知识、高超的技能、卓越的智慧，但如果没有谦虚镶边的话，你就不可能取得灿烂夺目的成就。你要永远记住："伟人多谦逊，小人多骄傲。太阳穿一件朴素的光衣，白云却披了灿烂的裙裾。"

　　谦逊就像跷跷板，你在这头，对方在那头。只要你谦逊地压低了自己这头，对方就高了起来，而这最终会为你打开成长之门。

　　有人问苏格拉底是不是生来就是超人，他回答说："我并不是什么超人，我和平常人一样。

　　有一点不同的是，我知道自己无知。"这就是一种谦卑。无怪乎，古罗马政治家和哲学家西塞罗会说："没有什么能比谦虚和容忍更适合一位伟人。"

　　一颗谦逊的心是自觉成长的开始，就是说，在我们承认自己并不知道一切之前，不会学到新东西。许多年轻人都有这种通病，他们只学到了一点点，却自以为已经学到一切。他们的心关闭起来，再没有东西进得去，他们自以为是万事通，而这恰恰是他们所犯的最严重的错误。

　　达·芬奇曾经说过："浅薄的知识使人骄傲，丰富的知识则使人谦逊，所以空心的禾穗高傲地举头向天，而充实的禾穗则低头向着大地，向着它们的母亲。"谦逊不仅是一种美德，还是你无往不胜的要诀，因为谦和、温恭的态度常常会使别人难以拒绝你的要求，这也是巨大收获的开头，正如亚里士多德所说："对上级谦恭是本分，对平辈谦逊是和善，对下级谦逊是高贵，对所有的人谦逊是安全。"

西方哲学家卡莱尔说："人生最大的缺点就是茫然不知自己还有缺点。"因为人们只知道自我陶醉，一副自以为是、唯我独尊的态度，殊不知这种态度会遭到多数人的排斥，使自己处于不利地位。

事实上，谦逊是通往进步之门的钥匙。没有谦逊，我们就会太过自满；没有谦逊，我们就不会睁大两眼满怀好奇地去探索新的领域。如果我们不能保持谦逊的态度，我们或许就不愿承认错误，也就找不出解决问题的方法。谦逊，是我们对人类文明的未来以及我们在其中所处的地位表示关注的应有心态，也是那些对世间一切事物不肯放任自流，希冀以奋斗不息的努力实现在地球上建成人间乐土的人们应有的心态。

依赖令你远离进步

世上有一种人，存在极强的依赖心理，总是依靠拐杖走路，尤其是依靠别人的拐杖走路。

有些人经常持有的一个最大谬见，就是以为他们永远会从别人不断的帮助中获益。力量是每一个志存高远者的目标，而事事依靠他人只会导致失败。

一个登山者，一心一意想登上世界第一高峰。在经过多年的准备之后，他开始了新的旅程。但是，由于他希望完全由自己独得全部的荣耀，所以他决定独自出发。他开始向上攀爬，但时间已经有些晚了，然而，他非但没有停下来准备露营的帐篷，反而继续向上攀登，直到四周变得非常黑暗。山上的夜晚显得格外的黑暗，这位登山者什么都看不见。到处都是黑漆漆的一片，能见度为零，因为月亮和星星又刚好被云层给遮住了。即便如此，这位登山者仍然继续向上攀爬着，就在离山顶只剩下几米的地方，他滑倒了，并且迅速地跌了下去。跌落的过程中，他仅仅能看见一些黑色的阴影，以及一种因为被地心引力吸住而快速向下坠落的恐怖感觉。

他下坠着，在这极其恐怖的时刻，他的一生，不论好与坏，也一幕幕地显现在他的脑海中。当他一心一意地想着，此刻死亡是正在如何快速地接近他的时候，突然间，他感到系在腰间的绳子，重重地拉住了他。他整个人被吊在半空中……而那根绳子是唯一拉住他的东西。

在这种上不着天，下不着地，求助无门的境况中，他一点办法也没有，只好大声呼叫："上帝啊！救救我！"

突然间，从天上传来一个低沉的声音："你要我做什么？"

"上帝！救救我！"

"你真的相信我可以救你吗？"

"我当然相信！"

"那就把系在你腰间的绳子割断。"

在短暂的寂静之后，登山者决定继续全力抓住那根救命的绳子。

第二天，搜救队找到了他的遗体，已经冻得僵硬，他的尸体挂在一根绳子上，他的手也紧紧地抓着那根绳子——在距离地面仅仅1米的地方。

新生命的诞生是从剪断脐带开始的，生命所受到的最大束缚就来自于它对"绳子"的依赖。人类注定只有靠自己才能获得自由，"你的命运藏在你自己的胸里"，如果你依恋那根"绳子"，你至死也不会明白为什么自己会那么卑贱地离开这个世界。

生活中最大的危险，就是依赖他人来保障自己。如果一个人依赖他人，将永远也坚强不起来，永远也不会有独创力。要么独立自主，要么埋葬雄心壮志，一辈子老老实实做个普通人。因此，一个人要变得更强更有力量，就必须甩掉依赖的拐杖。

雨果曾经写道："我宁愿靠自己的力量打开我的前途，而不愿求有力者的垂青。"只要一个人是活着的，他的前途就永远取决于自己，成功与失败，都只系于自己身上。而依赖作为对生命的一种束缚，是一种寄生状态。英国历史学家弗劳德说："一棵树如果要结出果实，必须先在土壤里扎下根。同样，一个人首先需要学会依靠自己、尊重自己，不接受他人的施舍，不等待命运的馈赠。只有在这样的基础上，才可能做出成就。"将希望寄托于他人的帮助，便会形成惰性，失去独立思考和行动的能力；将希望寄托于某种强大的外力上，意志力就会被无情地吞噬掉。

真实人生的风风雨雨，只有靠自己去体会、去感受，任何人都不能为你提供永远的荫庇。你应该掌握前进的方向，把握目标，让目标似灯塔般在高远处闪光；你应该独立思考，有自己的主见，懂得自己解决问题。你不应相信有什么救世主，不该信奉什么神仙或皇帝，你的品格、你的作为，你所有的一切都是你自己行为的产物，并不能靠其他什么东西来改变。

你，就是主宰一切的神灵，一个人，即使驾着的是一匹羸弱的老马，但只要马缰掌握在你的手中，你就不会陷入人生的泥潭。人只有依靠自己，才能配得上最高贵的东西。

人生中，任何人都不能为你提供永远的荫庇，只有自己能主宰自己命运的沉浮。去除依赖，独立面对真实人生的风风雨雨，相信你定能奏响生命雄壮的乐章。

第三章

目标越高，
成功越快

　　仅仅拥有理想，你不一定能成功；但如果没有理想，成功对你而言就无从谈起。人之伟大或渺小都决定于志向和理想，伟大的毅力只为伟大的目标而产生。没有远大目标的人，只会变得慵懒，只会听天由命，永远不会去把握成功的契机，永远不会有所创造和发明。一个人追求的目标越高，自身的潜能就发挥得越充分，成功也就越快。

第一节

对成功的欲望再大些

你认为自己是什么样的人，就将成为什么样的人。

——契诃夫

远大的目标是成功的磁石

理想是人的追求，什么样的理想，将决定你成为什么样的人。

被誉为发明之父的爱迪生，小时候只上了几个月的学，就被老师辱骂为愚蠢糊涂的低能儿而退学了。爱迪生为此十分伤心，他痛哭流涕地回到家中，要妈妈教他读书，并出语惊人地说："长大了一定要在世界上做一番事业。"这句话出自当时被认为是愚钝儿的爱迪生之口，未免显得荒唐可笑。但是，正是由于爱迪生自小就确立了一个远大志向，惊人的目标使他越过前进道路上的坎坎坷坷，成为举世闻名的发明家。

爱迪生具有丰富的想象力。有一天，他抬头仰望鸟在天空中自由翱翔，心想，鸟能飞，人为什么不能飞呢？他紧皱眉头思索着，忽然想到，如果人的身体里充满气体，不也会像气球一样飞上天吗？于是他在家里的地窖里做试验，发现有一种药粉能产生气体，他让小伙伴米吉利喝下去，可是，不多一会儿，米吉利肚子剧痛，大声哭喊，差点送了命。

爱迪生的爸爸知道后，打了他一顿。不许他再搞实验了。爱迪生一听急得要哭，说："我要是不做实验，怎么能研究学问？怎么能做出一番事业来呢？"妈妈听了他的话，感动得只好收回禁令。爱迪生在一生中获得专利水平的发明1390项，成为享誉世界的伟大发明家实现了他长大了要在世界上做一番事业的宏愿。

美国哈佛大学对一批大学毕业生进行了一次关于人生目标的调查，结果如下：

27%的人，没有目标；60%的人，目标模糊；10%的人，有清晰而短期目标；3%的人，有清晰而长远的目标。

25年后，哈佛大学再次对这批学生进行了跟踪调查，结果是：

那3%的人，25年间始终朝着一个目标不断努力，几乎都成为社会各界成功人士、行业领袖和社会精英；10%的人，他们的短期目标不断实现，成为各个领域中的专业人士，大都生活在社会中上层；60%的人，他们过着安稳的生活，也有着稳定的工作，却没有什么特别的成绩，几乎都生活在社会的中下层；剩下27%的人，生活没有目标，并且还在抱怨他人，抱怨社会不给他们机会。

要成功就要设定目标，没有目标是不会成功的。目标就是方向，就是成功的彼岸，就是生命的价值和使命。

2001年的亚洲首富孙正义，23岁那一年得了肝病，在医院住院期间，他读了4000本书，每年读了2000本书。他大量地阅读，大量地学习。

在出院之后，他写了40种行业规划，但最后选择了软件业。事实上，他的选择是对的，软件行业使他成为了亚洲首富。

选好行业之后，他开始创业。创业初期，条件艰苦，他的办公桌是用苹果箱拼凑而成的。他招聘了两名员工。有一次，他和两名员工一起分享他的梦想，他说："我25年后要赚100兆日币，成为亚洲首富。"这是孙正义的梦想，但在两名员工看来却是件不可思议的事情。他们对孙正义说："老板，请允许我们辞职，因为我们不想和一位疯子一起工作。"

事实上，孙正义的梦想实现了，他成了亚洲首富。

志当存高远，是我国三国时期的著名政治家和军事家诸葛亮的一句名言。诸葛亮在青年时代就具备了远大的志向，在未出茅庐之前就自比管仲、乐毅，就想干一番大事业。远大的志向加上良好的机遇，使他成就了一番伟业。

著名作家高尔基说过："我常常重复这一句话：一个人追求的目标越高，他的能力就发展得越快，对社会就越有益。我确信这是个真理。这个真理是我的全部生活经验，是我观察、阅读、比较和深思熟虑了一切之后才确定下来的。"高尔基用自己的一生验证了自己的这段名言。

做高尚的梦，并且飞向你的梦想。你的梦想预示着未来你会成为什么样。你的理想是未来的预兆。只要你对自己诚实，对自己的理想诚实，最终你梦想的世界就会变成现实。

你的环境也许并不舒适，但只要你怀有理想，并为实现它而奋斗，那么，你的环境会很快改变。詹姆斯·E·艾伦说过，最伟大的成就在最初的时候曾经是一个梦。橡树沉睡在果壳里，小鸟在蛋里等待，在一个灵魂最美丽的梦想里，一个慢慢苏醒的天使开始行动。梦想，是现实的情侣。

梦想是所有成就的出发点，很多人之所以失败，就在于他们从来都没有梦想，并且也从来没有踏出他们的第一步。

钢铁大王卡内基原本是一家钢铁厂的工人，但他凭着制造及销售比其他同行更高品质的钢铁的明确目标，而成为全美最富有的人之一，并且有能力在全美国小城镇中捐资盖图书馆。

他的梦想已不只是一个愿望而已，已形成了一股强烈的欲望。只有发掘出你的强烈欲望才能使你获得成功。

研究这些已获得成功的富豪时，你会发现，他们每一个人都有自己的梦想，都已定出达到梦想的计划，并且花费最大的心思和付出最大的努力来实现他们的梦想。

我们每个人都希望得到更好的东西——如金钱、名誉、尊重，但是大多数的人都仅把这些希望当做一种愿望而已，如果知道希望得到的是什么，如果对实现自己的梦想的坚定性已到了执著的程度，而且能以不断的努力和稳妥的计划来支持这份执著的话，那你就已经是在实践梦想了。所以说，认识愿望和强烈欲望之间的差异是极为重要的。

谚语云：如果你只想种植几天，就种花；如果你只想种植几年，就种树；如果你想流传千秋万世，就种植观念！

对于你来说，你的过去或现在是什么样并不重要，你将来想要获得什么成就才是最重要的。你必须对你的未来怀有远大的理想，否则你就不会做成什么大事，说不定还会一事无成。

理想是同人生奋斗目标相联系的有实现可能的想象，是人的力量的源泉，是人的精神支柱。如果没有理想，岁月的流逝只意味着年龄的增长。

有了远大的理想，还要有看得清、瞄得着的射击靶。目标必须是明晰的、具体的、现实的、可以操作的，当然，这是为理想服务的短期目标。只有实现一个个短期目标，才能筑起成功的大厦。

1952年7月4日清晨，加利福尼亚海岸笼罩在浓雾中。在海岸以西21英里的卡塔林纳岛上，一个34岁的女子涉水下到太平洋中，开始向加州海岸游过去。这名妇女叫费罗伦丝·查德威克。在此之前，她还是从英法两边海岸游过英吉利海峡的第一个妇女。

那天早晨，海水冻得她身体发麻，雾很大，她连护送她的船都几乎看不到，时间一个钟头一个钟头过去，千千万万人在电视上看着。

有几次鲨鱼靠近了她，鱼被人开枪吓跑。她仍然在游，在以往这类渡海游泳中她的最大问题不是疲劳，而是水温太低。

15个钟头之后，她又累又冻。她知道自己不能再游了，就叫人拉她上船。她的母亲和教练都在船上，他们都告诉她海岸很近了，叫她不要放弃。但她朝加州海岸望去，除了浓雾什么也看不到。

之后——从她出发算起15个钟头55分钟之后，人们把她拉上船。后来，她渐渐觉得暖和多了，这时她开始感到失败的打击。她不假思索地对记者说："说实在的，我不是为自己找借口，如果当时我看见陆地，也许我能坚持下来。"

查德威克是个有抱负的人，但她也只有看见目标，才能鼓足干劲完成她有能力完成的任务。可见，当你规划自己的成功时千万别低估了制定可测目标的重要性。

一位美国的心理学家发现，在为老年人开办的疗养院里，有一种现象非常有趣：每当节假日或一些特殊的日子，像结婚周年纪念日、生日等来临的时候，死亡率就会降低。他们中有许多人为自己立下一个目标：要再多过一个圣诞节、一个纪念日、一个国庆日，等等。等这些日子一过，心中的目标、愿望已经实现，继续活下去的意志就变得微弱了，死亡率便立刻升高。生命是可贵的，并且只有在它还有一些价值的时候去做应该做的事，去实现自己的目标，人生才会有意义。

一队毛虫在树上排成长长的队伍前进，有一条带头，其余的依次跟着，食物就在枝头，一旦带头的找到目标，停了下来，他们就开始享受美味。有人对此非常感兴趣，于是做了一个试验，将这一组毛虫放在一个大花盆的边上，使它们首尾相接，排成一个圆形，带头的那条毛虫也排在队伍中。那些毛虫开始移动，它们像一个长长的游行队伍，没有头，也没有尾。观察者在毛虫队伍旁边摆放了一些它们喜爱吃的食物。观察者预料，毛虫会很快厌倦这种毫无用处的爬行而转向食物。可是出于预料之外，毛虫没有这样做。那只带头的毛虫一直跟着前面的毛虫的尾部，它失去了目标。整队毛虫沿着花盆边以同样的速度爬了七天七夜，一直到饿死为止。

要攀到人生山峰的更高点，当然必须要有实际行动，但是首要的是找到自己的方向和目的地。如果没有明确的目标，更高处只是空中楼阁，望不见更不可及。如果我们想要使生活有突破，到达很新且很有价值的目的地，首先一定要确定这些目的地是什么。只有设定了目的地，人生之旅才会有方向、有进步、有终点、有满足。

明白了你的命运来自于你的奋斗目标，就会给自己一个希望，就在你的内心祈祷，你对自己说：我一定要做个伟大的人。只要你这样想这样做，你就一定会像你所想象的那样，成为一个伟大的人。

让我们为自己找一个梦想，树立一个目标吧，因为人生因梦想而伟大！

对成功要有强烈的企图心

你需要一个强有力的渴望，才能让你走上另一台阶。

史蒂夫·乔布斯以 1300 美元起家，在不到 5 年的时间里，推出的苹果个人电脑席卷了全球。到 1980 年，年仅 25 岁的他已拥有数亿美元的个人资产，成了有史以来最年轻的白手起家的亿万富翁。

他被总统称赞为"美国人心目中的英雄"。有人问他成功的秘诀是什么。他说："我没有什么秘诀，我只是强烈要求自己去做自己想做的事情。"是的，强烈的企图心，一定要的决心，让他成为"美国人心目中的英雄"。

乔布斯 1955 年 2 月 24 日出生于美国旧金山。他小时候淘气、聪明又好动。1961 年，因工作需要，他们全家搬到地处硅谷的山景镇。从此，乔布斯就生活在这个充满着世界上最新科学技术与最先进的管理知识的环境里，耳濡目染中，他的性格也表现出硅谷人的特点——敢于创新、富于竞争和冒险精神。

　　有一天，邻居赖瑞带了一只原始的碳制麦克风回家，接上电池，挂上喇叭，就可以发出声音。这可把乔布斯给迷住了，一个劲地向赖瑞问些奇怪的问题。赖瑞不胜其烦，干脆把麦克风送给他，让他自己去仔细研究。此后，乔布斯每天晚上都泡在家中，一点一滴地汲取有关电子的知识。

　　赖瑞见这个小家伙聪明好学，就推荐他参加惠普公司的"发现者俱乐部"。在这里乔布斯第一次见到了电脑。一见到电脑，乔布斯就迷上它。那天晚上，俱乐部展示了一种新式桌上电脑，让大家打着玩。乔布斯一边玩，一边梦想自己要有这么一台电脑该多好呀！

　　在一次同学聚会上，乔布斯与比他年长5岁的渥兹尼克见面。渥兹尼克是学校电子俱乐部的会长，是个天生的电子设计师。乔布斯与他一见如故。

　　乔布斯经渥兹尼克介绍加入了学校电子俱乐部，成了一名"电子迷"。高二时，他利用课余时间到一家名为哈尔德克的电子商店打工。

　　渥兹尼克工作之余，整天都埋头于设计新型电脑，而乔布斯则更多地在思考如何在电脑上赚点钱。他们有一个共同的愿望，就是拥有一台自己的电脑。就是这个强烈的愿望，使他们推出了价廉物美的个人电脑。

　　这台电脑严格地讲只是装在木箱里的一块电路板，但有8K储存器，能显示高分辨率图形。虽然简单，却相当诱惑人，俱乐部成员纷纷提出要订购这种电脑。

　　1974年4月1日愚人节，乔布斯、渥兹尼克等人签署了一份协议，共同创办一家新的电脑公司。为了纪念乔布斯当年在苹果园打工的历史，公司取名苹果（Apple），标志是一个被咬了一口的苹果，因为"咬"（Bite）与"字节"（Byte）同音。他们生产的第一款电脑也就命名为"苹果1"（Apple1）。

因为强烈的企图心，从而成就了一位电脑巨子，世界超级富豪。

我们要有对成功的强烈渴望，要有"我一定要成功"的信念，而不是"我想成功"。企图心是一种一定要得到的心态，是一定要的决心。只要我们下定决心，并且为这个决心负责，为这个决心全力以赴，成功离我们就很近了。

美国的圣伊德罗牧马场上，一大群孩子正在游戏，牧马场的主人希尔·卡洛斯来到他们中间。他对孩子们说："知道我为什么要邀请你们来我的牧场吗？我要向你们讲述一个故事，故事的主人公同样也是一个孩子。"

孩子的父亲，是一位巡回驯马师。驯马师终年奔波，从一个马厩到另一个马厩，从一条赛道到另一条赛道，从一个农庄到另一个农庄，从一个牧场到另一个牧场，训练马匹。其结果是，儿子的中学学业不断地被扰乱。当他读到高中，老师要他写一篇作文，说说长大后想当一个什么样的人，做什么样的事。那天晚上，他写了一篇长达7页的作文，描绘了他的目标：有一天，他要拥有自己的牧场。在文中他极尽详细地描述自己的梦想，他甚至画出了一张200英亩大的牧场平面图，在上面标注了所有的房屋，还有马厩和跑道。然后他为他的4000平方英尺的房子画出细致的楼面布置图，那房子就立在那个200英亩的梦想牧场。

他将全部的心血，倾注到他的计划中。第二天，他将作文交给了老师。两天后，老师将批改后的作文发给了他。在第一页上，老师用红笔批了一个大大的"F"（最低分），附了一句评语："放学后留下来。"

心中有梦的男孩放学后去问老师："为什么我只得了'F'？"老师说："对你这样的孩子，这是一个不切合实际的梦想。你没有钱。你来自一个四处漂泊、居无定所的家庭。你没有经济来源，而拥有一个牧场是需要很多钱的，你得买地，你得花钱买最初用以繁殖的马匹，然后，你还要因育种而花大量的钱，你没有办法做到这一切。"最后老师加了一句，"如果你把作文重写一遍，将目标定得更现实一些，我会考虑重新给你评分。"

男孩回家，痛苦地思考了很久。他问父亲他应该怎么办，父亲说："孩子，这件事你得自己决定。不过我认为这对你来说是个非常重要的决定。"

最后，在面对作文本苦坐了整整一周之后，男孩子将原来那篇作文交了上去，没改一个字。他向老师宣告："你可以保留那个'F'，而我将继续我的梦想。"

从此以后，男孩开始努力，他想他一定要成功，为了这个梦想，他奋斗了很多年。

讲到这里，卡洛斯微笑着对孩子们说："我想你们已经猜到了，那个男孩就是我！现在你们正坐在我的 200 英亩的牧场中心，4000 平方英尺的大房子里。我至今保存着那篇学生时代的作文，我将它用画框装起来，挂在壁炉上面。"他补充道："这个故事最精彩的部分是，两年前的夏天，我当年的那个老师带着 30 个孩子来到我的牧场，搞了为期一周的露营活动。当老师离开的时候，她说：'卡洛斯，现在我可以对你讲了，当我还是你的老师的时候，我差不多可以说是一个偷梦的人！那些年里，我偷了许许多多孩子的梦想。幸福的是，你有足够的勇气和进取心，不肯放弃，直到让你的梦想得以实现。'"

"所以，"卡洛斯说，"不要让任何人偷走你的梦，拿出坚强的意志去拼搏，你一定能追到你的梦。"

梦想和现实之间，总有那么一段距离。如果总希望一觉醒来就能梦想成真，这无异于白日做梦。把梦想变成现实，就要从现在开始确定一个目标，有成功的强烈愿望，并靠坚定的信念去拼搏，这样才可能成为生活的幸运儿。

你或许会不解，到底迈克·乔丹拼命不懈的动力来源于何处？那是发生于他念高中一年级时一次在篮球场上的挫败，激起他决心不断地向更高的目标挑战。就在这个目标的推动下，飞人乔丹一步步成为全州、全美国大学，乃至于NBA职业篮球历史上最伟大的球员之一，他的事迹一一改写了篮球比赛的纪录。

当你问起NBA职业篮球高手"飞人"迈克·乔丹，是什么因素造成他不同于其他职业篮球运动员的表现，而能多次赢得个人或球队的胜利？是天分吗？是球技吗？抑或是策略？他会告诉你说："NBA里有不少有天分的球员，我也可算是其中之一，可是造成我跟其他球员截然不同的原因是，你绝不可能在NBA里再找到像我这么拼命的人。我只要第一，不要第二。"

三百六十行，行行出状元。不管你以后要从事哪一行的工作，都要努力成为行业里出类拔萃的人。如果一个人对成功有强烈的企图心，想不成功都很难！

记住：目标＋行动＋企图心＝成功。

定位改变人生

切合实际的定位可以改变我们的人生。

一个乞丐站在一条繁华的大街上卖钥匙链，一名商人路过，向乞丐面前的杯子里投入几枚硬币，匆匆而去。

过了一会儿后，商人回来取钥匙链，对乞丐说："对不起，我忘了拿钥匙链，因为你我毕竟都是商人。"

一晃几年过去了，这位商人参加一次高级酒会，遇见了一位衣冠楚楚的老板向他敬酒致谢，并告知说："我就是当初卖钥匙链的那位乞丐。"并且告诉商人，生活的改变，得益于商人的那句话。

在商人把乞丐看成商人那一天起，乞丐猛然意识到，自己不只是一个乞丐，更重要的是，还是一个商人。于是，他的生活目标发生很大转变，他开始倒卖一些在市场上受欢迎的小商品，在积累了一些资金后，他买下一家杂货店，由于他善于经营，现在已经是一家超级市场的老板，并且开始考虑开第 13 家分店。

这个故事告诉我们：你定位于乞丐，你就是乞丐；你定位于商人，你就是商人，不同的定位成就不同的人生。

一个人能否成功，在某种程度上取决于自己对自己的评价，这种评价有一个通俗的名词——定位。在心中你给自己定位是什么，你就是什么，因为定位能决定人生，定位能改变一个人的命运。

一件商品、一项服务、一家公司，甚至是一个人，都需要定位。

人生重要的是找到自己的位置，并做好所有这个位置要做的事情。坐在自己的位置上，最心安理得，也最长久。

在暴风雨过后的一个早晨，海边沙滩的浅水洼里留下许多被昨夜的暴风雨卷上岸来的小鱼。它们被困在浅水里，虽然近在咫尺，却回不了大海。被困的小鱼有几百条，甚至几千条。用不了多久，浅水洼里的水就会被沙粒吸干，被太阳蒸干，这些小鱼都会被干死。

海边有三个孩子。第一个孩子对那些小鱼视而不见。他在心里想，这水洼里有成百上千条的鱼，以我一人之力是根本救不过来的，我何必白费力气呢？

第二个孩子在第一个水洼边弯下腰去——他在拾起水洼里的小鱼，并且用力把它们扔回大海。第一个孩子讥笑第二个孩子："这水洼里这么多鱼，你能救得了几条呢？还是省点力气吧。"

"不，我要尽我所能去做！"第二个孩子头也不抬地回答。

"你这样做是徒劳无功的，有谁会在乎呢？"

"这条小鱼在乎！"第二个孩子一边回答，一边拾起一条小鱼扔进大海。"这条在乎，这条也在乎！还有这一条、这一条、这一条……"

第三个孩子心里在嘲笑前面两个家伙没有脑子，天上掉馅饼，多好的发财机会呀，干吗不紧紧抓住呢？于是，第三个孩子埋头把小鱼装进用自己的衣服做成的布袋里……

多年后，第一个孩子做了医生。他当班的时候，因为嫌病人家属带的钱太少而拒收一位生命垂危的伤者，致使伤者因没有得到及时的治疗而眼睁睁地看着他死去！迫于舆论压力，医院开除了见死不救的他。他心里觉得委屈，他想到了多年前海滩上的那一幕，他始终不认为自己错了。"那么多的小鱼，我救得过来吗？"他说。

第二个孩子也做了医生。他医术高明，医德高尚，对待患者不论有钱无钱，都精心施治。他成了当地群众交口称赞的名医。他的脑子里也经常浮现出多年前海滩上的那一幕。"我救不了所有的人，但我还是可以尽我所能救一些人的，我完全可以减轻他们的痛苦。"他常常对自己说。

第三个孩子开始经商，他很快就发了横财。暴发后，他又用金钱开道，杀入官场，并且一路青云直上，最后，他因贪污受贿事发，被判处死刑。刑场上，他的脑子里浮现出多年前海滩上的那一幕：一条条小鱼在布袋里挣扎，一双双绝望的眼睛死死地瞪着他……

要找到自己的定位，必须首先了解自己的性格、脾气，了解了自己才能对自己有一个合适的定位。

每个人都可以在社会中寻找到适合自己的行业，并且把它做好。但并不是每个行业你都能做得最好，你需要寻找一个你最热爱、最擅长，能够做得最好的行业。

职业生涯定位就是自己这一辈子到底要成为一个什么样的人，自己的生命目的是什么，自己的核心价值观是什么。什么工作才是自己最好的工作，什么工作自己才能做得最好。

一个人的职业定位清晰，可以坚定自己的信念，可以明确自己的前进方向，可以发挥自己的最大潜能，可以实现自己的最大价值。毕竟，人生有限，我们没有太多的时间浪费在左右飘摇当中。

有一次，一个青年苦恼地对昆虫学家法布尔说："我不知疲劳地把自己的全部精力都花在我爱好的事业上，结果却收效甚微。"

法布尔赞许说："看来你是位献身科学的有志青年。"

这位青年说："是啊！我爱科学，可我也爱文学，对音乐和美术我也感兴趣。我把时间全都用上了。"

法布尔从口袋里掏出一块放大镜说："先找到自己的定位，弄清自己到底喜欢什么，然后把你的精力集中到一个焦点上试试，就像这块凸透镜一样！"

凡大学者、科学家，无一不是先找准自己的定位，然后"聚焦"成功的。就拿法布尔来说，他为了观察昆虫的习性，常达到废寝忘食的地步。有一天，他大清早就俯在一块石头旁。几个村妇早晨去摘葡萄时看见法布尔，到黄昏收工时，她们仍然看到他伏在那儿，她们实在不明白："他花一天工夫，怎么就只看着一块石头，简直中了邪！"其实，为了观察昆虫的习性，法布尔不知花去了多少个这样的日日夜夜。

找到自己感兴趣的东西，找准自己的定位，是一个人成功的前提。

有一天，一位禅师为了启发他的门徒，给他的徒弟一块石头，叫他去蔬菜市场，并且试着卖掉它。这块石头很大，很好看。但师父说："不要卖掉它，只是试着卖掉它。注意观察，多问一些人，然后只要告诉我在蔬菜市场它卖多少钱。"这个人去了。在菜市场，许多人看着石头想：它可以做很好的小摆件，我们的孩子可以玩，或者我们可以把这当做称菜用的秤砣。于是他们出了价，但只不过几个小硬币。徒弟回来说："它最多只能卖到几个硬币。"

师父说："现在你去黄金市场，问问那儿的人。但是不要卖掉它，光问问价。"从黄金市场回来，这个门徒很高兴，说："这些人太棒了。他们乐意出到1000块钱。"师父说："现在你去珠宝商那儿，但不要卖掉它。"他去了珠宝商那儿。他简直不敢相信，他们竟然乐意出5万块钱，他不愿意卖，他们继续抬高价格——出到10万。但是徒弟说："我不打算卖掉它。"他们说："我们出 20 万、30 万，或者你要多少就多少，只要你卖！"这个人说："我不能卖，我只是问问价。"他不能相信："这些人疯了！"他自己觉得蔬菜市场的价已经足够了。

他回来。师父拿回石头说："我们不打算卖了它，不过现在你明白了，如果你是生活在蔬菜市场，把自己定位在那里，那么你只有那个市场的理解力，你就永远不会认识更高的价值。"

人必须对自己有一个定位，无论是生活、学习、工作，只要有了一个正确的定位，就好像有了基础一样，定位越准，我们成功的可能性就越大。拉马克 1744 年 8 月 1 日生于法国毕加底，他是兄弟姊妹 11 人中最小的一个，最受父母宠爱。拉马克的父亲希望他长大后当个牧师，就送他到神学院读书，后来由于德法战争爆发，拉马克当了兵。他因病退伍后，爱上了气象学，想自学当个气象学家，整天仰首望着多变的天空。

后来，拉马克在银行里找到了工作，想当个金融家。很快地，拉马克又爱上了音乐，整天拉小提琴，想成为一个音乐家。这时，他的一位哥哥劝他当医生，拉马克学医 4 年，可是对医学没有多大兴趣。正在这时，24 岁的拉马克在植物园散步时遇上了法国著名的思想家、哲学家、文学家卢梭，卢梭很喜欢拉马克，常带他到自己的研究室里去。在那里，这位"南思北想"的青年深深地被科学迷住了。从此，拉马克花了整整 11 年的时间，系统地研究了植物学，写出了名著《法国植物志》。35 岁时，他当上了法国植物标本馆的管理员，之后的 15 年，他依然研究植物学。

当拉马克 50 岁的时候，开始研究动物学。此后，他为动物学花了 35 年时间。也就是说，拉马克从 24 岁起，用 26 年时间研究植物学，35 年时间研究动物学，成了一位著名的生物学家。他最早提出了生物进化论。

在给自己定位时，有一条原则不能变，即你无论做什么，都要选择你最擅长的。只有找准自己最擅长的，才能最大限度地发挥自己的潜能，调动自己身上一切可以调动的积极因素，并把自己的优势发挥得淋漓尽致，从而获得成功。

一个人只要找好自己的定位，然后为自己设定一个目标，用行动去实现自己的梦想，相信你以后也一定会和拉马克一样，成绩辉煌！

第二节

不要只做别人告诉你的事

> 我应该比较而且应该超过的不是别人，正是我自己。
> ——帕瓦罗蒂

没试过不要说不行

绝不放弃万分之一的可能，相信你终有一天会成功；轻易放弃一分希望，得到的将是失败。

迈克·兰顿生长在不正常的家庭里，父亲是个犹太人（十分排斥天主教徒），而母亲却偏偏是个天主教徒（却又十分排斥犹太人）。在他小的时候，母亲经常闹着要自杀，当火气来时便抓起挂衣架追着他毒打。因为生活在这样的环境里，他自幼就有些畏怯而身体瘦弱。

迈克读高中一年级时的一天，体育老师带着他们班的学生到操场教他们如何掷标枪，而这一次的经验从此改变了他后来的人生。在此之前，不管他做什么事都是畏畏缩缩的，对自己一点自信都没有，可是那天奇迹出现了，他奋力一掷，只见标枪越过了其他同学的成绩，多出了足足有 30 英尺（约 9.14 米）。就在那一刻，迈克知道了自己的未来大有可为。在日后面对《生活》杂志的采访时，他回想道："就在那一天我才突然意识到，原来我也有能比其他人做得更好的地方，当时便请求体育老师借给我这支标枪，在那年整个夏天里，我就在运动场上掷个不停。"

迈克发现了使他振奋的未来，而他也全力以赴，结果有了惊人的成绩。

那年暑假结束返校后，他的体格已有了很大的改变，而在随后的一整年中他特别加强重量训练，使自己的体能提升。在高三时的一次比赛中，他掷出了全美国中学生最好的标枪记录，因而也使他赢得了体育奖学金。

有一次，他因锻炼过度而严重受伤，经检查证实，必须永久退出田径场，这使他因此失去了体育奖学金。为了生计，他不得不到一家工厂去担任卸货工人。

不知道是不是幸运之神的眷恋，有一天他的故事被好莱坞的星探发现，问他是否愿意在即将拍摄的一部电影《鸿运当头》中担任配角。当时这部影片是美国电影史上所拍的一部彩色西部片，迈克应允加入演出后从此就没有回头，先是演员，然后演而优则导，最后成为制片人，他的人生事业就此一路展开。一个美梦的破灭往往是另一个未来的开始，迈克原先有在田径场上发展的目标，而这个目标引导他锻炼强健的体格，后来的打击却又磨炼了他的性格，这两种训练未料却成了他另外一个事业所需的特长，使他有了更耀眼的人生。

没试过，就不要轻易否定自己，没试过，千万不要说自己不行。做什么事情，都要有尝试的勇气，都要勇于创造。迈克如果没投第一枪，在投了第一枪后如果没有勤奋地去努力，他是不会成功的。不轻易放弃哪怕一丁点的希望，去尝试，去发现自己的长处，相信人会越来越出色，因为这是一种精神，一种人生态度。

这是一个崇尚开拓创新的时代，人人都渴望能证实自我。正因为如此，我们更应该勇敢地去尝试。哪怕最后失败了也并不可怕，由于恐惧失败而畏缩不前才真正可怕。

要战胜自己，改变目前的状态，就不要放弃尝试各种的可能。

以精益求精的态度，不放弃尝试种种的可能，终会有成果。

有个年轻人去微软公司应聘，而该公司并没有刊登过招聘广告。见总经理疑惑不解，年轻人用不太娴熟的英语解释说自己是碰巧路过这里，就贸然进来了。

总经理感觉很新鲜，破例让他一试。面试的结果出人意料。年轻人表现糟糕。他对总经理的解释是事先没有准备，总经理以为他不过是找个托词下台阶，就随口应道："等你准备好了再来试吧"。

一周后，年轻人再次走进微软公司的大门，这次他依然没有成功。

但比起第一次，他的表现要好得多。而总经理给他的回答仍然同上次一样："等你准备好了再来试。"就这样，这个青年先后5次踏进微软公司的大门，最终被公司录用，成为公司的重点培养对象。

也许，我们的人生旅途上沼泽遍布，荆棘丛生；也许，我们追求的风景总是山重水复，不见柳暗花明；也许，我们前行的步履总是沉重、蹒跚；也许，我们需要在黑暗中摸索很长时间，才能找寻到光明；也许，我们虔诚的信念会被世俗的尘雾缠绕，而不能自由翱翔；也许，我们高贵的灵魂暂时在现实中找不到寄放的净土……那么，我们为什么不可以以勇敢者的气魄，坚定而自信地对自己说一声"再试一次"，永不放弃万分之一的可能性。

一位90岁的老太太被问到会不会弹钢琴。她回答说："我不知道。"对方茫然："我不懂你的意思，为什么你不知道？"老太太微笑着说："因为我没试过。"是的，没有试过就不能说不会。我们有许多天赋未曾发挥，因为我们不肯尝试。

很多人都听过美国民谣歌王卡罗·金的歌，为他的温柔动人的嗓音倾倒。但是有许多人不知道，卡罗·金原本是个钢琴手。有一天晚上，他在西岸俱乐部演出，主唱者在最后一分钟称病告假。俱乐部老板生气地大嚷："没有演唱者，今天就不算工资。"从那晚开始，卡罗·金摇身一变成为歌手。

下一次别人问你会不会某项事情时，别急着说："不会。"再仔细想想，或许你该试试看，也许你的某项天分就会被发掘出来。

再试一试，哪怕你已经经历了很多次失败，有什么要紧？再试一试，大不了以后的结果和现在一样，自己同样毫无损失。所以，在关键时候，要告诉自己，再试一试。

"肯德基"创始人，美军退役上校桑德斯的创业史与史泰龙相映成趣。桑德斯从军队退役时，妻子携幼女离他而去。家里只有他一个人，生活感到十分寂寞。他总想做点事情。但戎马生涯大半生，除了操枪弄炮，实在没有什么过人之处。

年过花甲的他想到了自己曾经试验出的炸鸡秘方，想到马上做到，于是他便找了几家餐馆要求合作，但都遭到了拒绝。于是，他开着自己那辆破旧的"老爷车"，从美国的东海岸到西海岸，历时两年多时间，推开过1008家餐馆的大门，都没有成功。军人试着推开了第1009家餐馆的大门，这家老板被他的精神打动，买下了炸鸡的秘方。桑德斯以秘方作为投资，得到了这家餐馆的股份，由于经营得法，从此，"肯德基"遍布美国，传遍世界。

有这种精神的不止桑德斯一个，苏格兰国王布鲁斯也是一位有勇气尝试的人。

有一次，苏格兰国王布鲁斯与英格兰军队打仗。他战败而回，只得躲在一所不易被发现的古老茅屋里藏身。

当他正带着失望与悲哀躺在柴草床上的时候，他见一只蜘蛛正在结网，为了给自己取乐，并看蜘蛛如何对待失败和挫折，国王毁坏了它将要完成的网。对此蜘蛛并不在意，立刻继续工作，然后再结一个新网。苏格兰国王又把它的网破坏，蜘蛛又开始结另一个网。

国王开始惊奇了。他自语道："我已被英格兰的军队打败了6次，我是准备放弃战争了。假使我把蜘蛛的网破坏6次，它是否会放弃它的结网工作呢？"

他果真6次毁坏了蜘蛛结成的网，然而，蜘蛛对这些灾难毫不介意，开始结第7个新网。这一次，布鲁斯不再破坏蜘蛛网，蜘蛛终于成功了。国王被这个例子深深触动了，他决意再进行一次奋斗，从英格兰人的手里解放他的国家。他重新召集了一支新的军队，很谨慎而耐心地做着准备，终于打了一次重要的胜仗，把英格兰人赶出了苏格兰国土。

是的，绝不放过下一次尝试的机会，没有尝试，就永远不会有进步。相信自己一定能够搬动大山。鲍勃·莫瓦德告诉我们：你无法坐在原地，却想在岁月的沙滩上留下你的足印，而谁又愿在岁月的沙滩上只留下自己臀部的痕迹？

冒险是成功的催化剂

没有冒险者就没有成功者，让我们敢于做第一个吃螃蟹的人吧！

朱利安就是一位敢于冒险的人。他生于美国，在德国长大。当他26岁时，来到美国纽约，选择了钢材原料与工具的进出口贸易作为自己的奋斗目标。这种业务就属于那种以自己的资金为赌注来做生意的冒险行业。

他所从事的行业充满风险和危机。事实上，钢铁市场行情涨落确实非常极端，常使从业者坐立难安！

一名青年胆敢单枪匹马来到一处陌生的地方从事如此充满冒险的工作，他的勇气从何而来？

古列特说："这种与钢铁有关的买卖发展需要很长的一段时间，且长久以来一直由厂商所垄断，像我这种'外来人'要想分一杯羹，可以说是毫无机会可言。因此，我必须冒险一搏。"

"冒险一搏才能赢"，就是古列特勇气与毅力的来源，其公司的建立便是植根在这种坚强的心理基础之上。

在他的公司创立不久，他被征召入伍了，但是战争结束后，他扩大营运规模，无论大大小小的钢铁制品他皆负责经营。一年的时间中，他至少有一半的时间在外奔波，忙于寻找新顾客与拓展新市场，并在投资与经营手段上连连走出一招招的冒险妙招，使公司的业务量直线上升。他有时甚至远渡重洋，飞往各国，与客户洽商。多年来，他一直过着一个星期工作 6 天、一天工作 12 小时的生活，辛劳远超过一般常人，但他仍然每天都充满干劲、决心不改。

到 20 世纪 50 年代末，古列特的公司已成长到每年有 1000 万美元的业务，收益在 100 万美元以上，他个人一年的平均所得达 40 万美元之多。

可以说，其公司业绩已相当可观。如果古列特没有当初的冒险之心，今天就没有这种成果。

古列特由于本身十分乐于迎接迎面而来的挑战，所以他敢于冒险去创造机会而与幸运之神相遇。

要想获取成功，就要有冒险的精神，用积极的心态，全神贯注地做好准备，随时出击，牢牢地抓住机会。

不会冒险的人永远不会成功。

每个人都面临着危险，即使扎根在一个点上原地不动。然而，当冒险的结果不太令人满意的时候，人们常常会说："还是躺在床上保险"。其实，即使是到任何地方的旅行都潜藏着冒险，小到丢失自己的行李，大到作为人质，被劫持到世界的某个遥远角落。

有很多人似乎都习惯于"躺在床上"过一辈子，因为他们从来不愿去冒险，不管是在生活中，还是在事业上。但是，当你横穿马路时，当你在海里游泳时，当你乘坐飞机时都潜藏着冒险。

从有文字记载以来，冒险总是和人类紧紧相连。虽然火山喷发时所产生的大量火山灰掩埋了整个村镇，虽然肆虐的洪水席卷了家园，但人们仍然愿意回去继续生活，重建家园。飓风、地震、台风、龙卷风、泥石流以及其他所有的自然灾害都无法阻止人类一次又一次勇敢地面对可能重现的危险。

事实上，我们总是处在这样那样的冒险境地。"没有冒险的生活是毫无意义的生活。"我们必须要横穿马路才能走到另一边去；我们也必须依靠汽车、飞机或轮船之类的交通工具才能从一个地方到达另一个地方。但是，这并不意味着所有的冒险都毫无区别，恰当的冒险与愚蠢的冒险有着明显的不同。

如果你想成为一个生意上的冒险者，如果你渴望成功，你就应该分清这两种类型的冒险之间到底有什么样的差异。有一位功成名就的人这样说："那种只在腰间系一根橡皮绳，就从大桥或高楼上纵身跳下的做法是一种愚蠢的冒险，即使有人很喜欢那样做。同样，所谓的钻进圆木桶漂流尼亚加拉大瀑布，所谓的驾驶摩托车飞越并排停放的许多辆汽车，在我看来，这些都是愚蠢的冒险，只有那些鲁莽的人才会干这种事情。尽管我知道有人不同意我的看法。"

无论在学业事业或生活的任何方面，我们都可能需要尝试恰当的冒险。在冒险之前，我们必须清楚地认识那是一种什么样的冒险，必须认真权衡得失——时间、金钱、精力以及其他牺牲或让步。如果你从来没有想过冒险，那么你的日子就像一潭死水，你永远无法激起波澜，永远无法取得成功。

松下幸之助在22岁时开始创业，当时他对未来能否成功并无把握；一步跨向充满挑战的世界，他感到非常迷茫。

然而，松下渴望成功的念头却十分强烈，同时也做了万一失败的心理准备，反正车到山前必有路，万一失败，再另谋生路就是了。

如果你失败了，有何打算？

松下幸之助毫不犹豫地回答：怎么办？真若走投无路，就去卖面吧！而且我要卖比别人都好吃的面。同时也打定"万一失败"，纵然身无一物，也有东山再起的决心。

"敢冒最大的风险，才能赚最多的钱。"

"劳埃德"是英国保险公司中名气最大、信誉最高、资金最雄厚、历史最悠久、赚钱最多的一家。它年承担保险金额为 2670 亿美元，保险费收入达 60 亿美元。

其公司一直坚守着"在传统商场上争取最新形式的第一名"的信条。事实也是如此，劳埃德公司总能敏捷地认识和接受新鲜事物。

1866 年，汽车诞生，劳埃德在 1909 年率先承接了这一形式的保险。在还没有"汽车"这一名词的情况下，劳埃德将这一保险项目暂时命名为"陆地航行的船"。

1984 年，由美国航天飞机施放的两颗通讯卫星曾因脱离轨道而失控，其物主在劳埃德公司保了 18 亿美元的险。劳埃德眼看要赔偿一笔巨款，于是出资 550 万美元，委托美国"发现号"航天飞机的宇航员，在 1984 年 11 月中旬回收了那两颗卫星。经过修理之后，这两颗卫星已在 1985 年 8 月被再次送入太空。这样，劳埃德不仅少赔了 7000 万美元，而且向他的投资者说明：卫星保险从长远看还是有利可图的。

冒险就是要我们去承担风险，许多时候，风险会让我们去努力改进目前的状况，向更高的方向发展。

丰田汽车的举措就充分说明了冒险才会富有的道理。1916 年丰田因应日本贸易市场化的要求，必须与美国等外国汽车短兵相接，面对此竞争逆境，所有的日本工厂被要求降价 20%。

当时松下通信工业供应丰田汽车的收音机，因此也接到降价的要求。

于是，松下问其管理人员："现在每台赚多少呢？"

其管理人员回答说："大概只赚 3%。"

"太少了，3%本身就是个问题，现在又要降价 20%，这岂不太糟糕了吗？"

经过再三研究，毫无有效对策。于是大家主张以办不到为由，再跟丰田讨价还价。

然而，松下个人却从根本上作策略性的思考：为什么丰田要这么要求？不配合的话，则会有怎样的不良后果？

既然以目前的情形再降 20%根本不可能，那么只有另辟蹊径，作根本的改变。

经再三研究，松下作出了以下决定：

性能和外观绝不可改变，在这个原则下，全面变更设计，希望在降价 20%之后依然有合理的利润。这样做，可能会有暂时的损失，然而这并非仅只是为了丰田，而是为了维持与发展日本工业，大家都要尽力而为。

后来松下公司不但依丰田要求而降价，又借着这次的升级压力，促进其产品的革命与根本的改良，获得更大的合理利润。

做一个敢于冒险的人！向自己挑战！

世界上没有一件可以完全确定或保证的事。成功的人与失败的人，他们的区别并不在于能力或意见的好坏，而是在于是否相信判断，是否具有适当冒险与采取行动的勇气。

冒险不是盲目草率的行为，不是瞎闯、蛮干，不是随心所欲，而是要有目标、有计划、有实施方法和步骤的实践活动。冒险必须建立在对客观事物正确分析、判断的基础上，采用科学的冒险方法，否则，就无法实现成就事业的目标。

冒险的基本方法是确立可行的目标，发挥科学的分析判断能力，积蓄冒险的力量，实施冒险的应变策略，付诸冒险的实际行动。

在敢于冒险的同时，还要善于运筹，注意避免危险结果的发生。因此，在冒险时要遵循以下原则：

首先，要发挥分析判断能力。

在实际的决策过程中，所涉及的因素非常复杂，这就要求人们要有高超的分析判断能力，能够把所有的因素综合在一起作出正确的判断，要选择最有希望的方案。

其次，要运用各种主客观条件，尽量化险为夷。

要减少冒险的风险性，一个可行的办法就是通过试点实验收集有关信息资料，或者利用已有的历史资料，加上你可靠的分析与判断，把一些未知的不确定的因素转化为可以把握的确定因素，从而将冒险转化为安全的进取。

最后，要备好预案。

冒险中随时会有一些偶然性、不确定性的危险发生，这是难以预料和避免的，如果只有一个方案，"一锤子买卖"，这就要冒很大的风险，因此，要预备好必要的应变方案。只有这样，才能在可能出现的不测事故发生时，自如洒脱地灵活应对，做到"东方不亮西方亮"，"断了前路有后路"。

年龄和冒险精神之间存在一种关联。经验越丰富，人就越谨慎；财富越多，人就越想求稳，这是人性的基本组成部分。你这辈子获得的成功越多，就越想躺在功劳簿上睡大觉。

虽然你还是原来的你，但是你发现自己已经变得不那么愿意承担风险，也不那么争强好胜了。你可能发现自己身上增添了不少循规蹈矩、稳扎稳打、步步为营的倾向。这是很危险的。

因此，如果你身上还残留有不少的冒险精神，你就不要稳扎稳打，步步为营。对企业，特别是现代技术发展突飞猛进的行业来说，过分规避风险往往会带来致命的伤害。在当今世界，又有哪一个行业的技术发展不迅猛呢？

在现实生活中，我们会发觉"看着黑"，但是走下去"未必如此"，往往是走到黑暗"近"处的时候，就会发现，原来并不太黑，甚至根本就是"亮"的。

青少年要勇于冒险，年轻人有失败的资本。因为年轻，不要害怕失败。勇敢地去闯，冒险会让你更出色。

不为自己设限

只有那些不断超越自己的人，才能不断取得伟大的成功。

著名心理学家和心理治疗医生艾琳.C.卡瑟拉在其《全力以赴——让进取战胜迷茫》一书中讲了这样一个病例：在奥斯卡金像奖发奖仪式次日的凌晨三时，她被奥斯卡奖获得者克劳斯从沉睡中唤醒，克劳斯进门后举着一尊奥斯卡奖的金像哭着说："我知道再也得不到这种成绩了。大家都发现我是不配得这个奖的，很快都会知道我是个冒牌的。"克劳斯认为他所获得的成功"是由于碰巧赶上了好时间、好地方，有真正的能人在后边起了作用"的结果。他不相信自己获得奥斯卡奖是多年锻炼和勤奋工作的结果。尽管他的同事通过评选公认他在专业方面是最佳的，但他却不相信自己有多么出色和创新的地方。

卡瑟拉在治疗病人中还发现，有位国际知名的芭蕾女明星每过一段时间，她就要在有演出的那天发一顿脾气，把脚上的芭蕾鞋一甩，饭也不吃，从250双跳舞鞋中她找不到一双合脚的；还有一位知名的歌剧演员，有时候一准备登台就觉得嗓子发堵；有一位著名运动员，他的后脊梁过一段时间就痛起来，影响他发挥竞技能力。卡瑟拉认为，这些严重影响成功的症状是由于经不住成功而引起的。

成功不但会引起以上心理障碍，成功有时还会给人带来自满自大的消极后果。有人对43位诺贝尔奖获得者作了跟踪调查，发现这些人获奖前平均每年发表的论文数为 5 至 9 篇，获奖后则下降为 4 篇。有的政治家取得一系列成功后，因过分自信而造成重大失误；有的作家写出一两篇佳作后，再无新作问世，原因固然很多，但不能正确对待成功，不能不说是一个重要原因。

这些都是成功人士无法超越自己的案例。因为无法超越自己，为自己设了太多的限制，他们害怕失去目前拥有的，他们认为无法超越已取得的成就。因为你不相信自己的能力，在前进途中为自己设了限制，他们只会止步不前。

我们平常人呢？如果不能不断超越自我，会怎样呢？

对于现代人来说，知识面越广越好，得到的信息越多越好。如果不时时超越已取得的成就，就很容易变成鼠目寸光的人。鼠目寸光不但不利于自己事业的发展，而且很难在竞争激烈的现代社会立足，最终只能为大时代所抛弃。

有些老医生，自从出了医科学校之后，诊病下药无不用些老法子，于是渐渐步入没落之途了。他们明明应该把门面重新漆一漆了，明明应该去使用新发明的医疗器械及最近出现的著名药品了，但他们都不做改变。他们从不肯稍微划出些时间来看些新出版的刊物，更不肯稍费些心机去研究实验种种最新的临床疗法。他所施用的诊疗法，都是些显效迟缓、陈腐不堪的老套，他所开出来的药方，都是不易见效的、人家用得不愿再用了的老药品。他们一点也没留意到，医院早已来了一位青年医生，已有了最新的完善设备，所用的器械无不是最新的一种；开出来的药方，都写着最新发明的药品；所读的都是些最新出版的医学书报。同时他的诊所的陈设也是新颖完美，病人走进去看了都很满意。于是老医生的病人，渐渐都跑到这位青年医生那里去了。等他发觉了这个情形，已经悔之不及了。

"自我设限"是人生的最大障碍，如果想突破它，我们就必须不怕碰壁。这就需要我们有积极的进取心了。

进取心包括你对自己的评价和你对未来的期望。你必须高屋建瓴地看待自己，否则，你就永远无法突破你为自己设定的限度。你必须幻想自己能跳得更高，能达到更高的目标，以督促自己努力得到它，否则，你永远也不能达到。如果你的态度是消极而狭隘的，那么，与之对应的就是平庸的人生。不要怀疑自己有实现目标的能力，否则，就会削弱自己的决心。只要你在憧憬着未来，就有一种动力驱使你勇往直前。

进取心还要求我们不断挑战自我，在做事中挑战自我。

李嘉诚来到塑胶裤带公司做一名推销员时，塑胶裤带公司有 7 名推销员，数李嘉诚最年轻，资历最浅，而另几位是历次招聘中的佼佼者，经验丰富，已有固定的客户。

显而易见，这是一种不在同一条起跑线上的竞争，是一种劣势条件下的不平等的竞争。

李嘉诚不甘下游，不想输于他人，他给自己定下目标：3 个月内，干得和别的推销员一样出色；半年后，超过他们。李嘉诚自己给自己施加压力，有了压力，才会奋发拼搏。

坚尼地城在港岛的西北角，而客户多在港岛中区和隔海的九龙半岛。李嘉诚每天都要背一个装有样品的大包出发，乘巴士或坐渡轮，然后马不停蹄地行街串巷。李嘉诚认为，别人做 8 个小时，我就做 16 个小时，开始别无他法，只能以勤补拙。

要做好一名推销员，一要勤勉，二要动脑——李嘉诚对此有深切的体会。正是这两点，使他后来居上，销售额不仅在所有推销员中遥遥领先，达到第二名的 7 倍！

李嘉诚做事，从来是不做则已，要做就做得最好，不是完成自己的本职工作就算了，而是在推销的本职工作内干出了非凡的业绩的同时，还利用推销的行业特点，捕捉了大量的信息。

他注重在推销过程中搜集市场信息、并从报刊资料和四面八方的朋友那儿了解塑胶制品在国际市场的产销状况。

经过调研之后，李嘉诚把香港划分成许多区域，把每个区域的消费水平和市场行情都详细记在本子上。他对哪种产品该到哪个区域销售，销量应该是多少，一清二楚。

李嘉诚经过详尽的分析，得出了自己的结论，然后建议领导该上什么产品，该压缩什么产品的批量。

李嘉诚推销不忘生产，他协助领导以销促产，使塑胶公司生机盎然，生意一派红火。

只有充分掌握市场状况，至少对这一行业未来一到二年的发展前景有了准确的预测，着手每一件事情时，才会简单得多，准确得多。

注重行情，研究资讯，是商场决策的基本要素，年纪轻轻的李嘉诚在这方面已显示了其过人的从商资质。

李嘉诚因此于一年后被跃升为部门经理，统管产品销售。这一年，李嘉诚年仅18岁。

两年后，他又晋升为总经理，全盘负责日常事务。

李嘉诚对推销已是十分内行，但生产及管理对他来说却是非常陌生的领域。

不怕不懂，就怕不学。李嘉诚深知自己的薄弱环节所在。因此，他很少坐在总经理办公室，大部分时间都蹲在现场，身着工装，和工人一道摸爬滚打，熟悉生产工艺流程。

对于每道工序李嘉诚都要亲自尝试，他兴致很高，一点也不觉得苦和累。

有一次，李嘉诚站在操作台上割塑胶，不小心把手指割破了，一时鲜血直流。

十指连心，疼痛钻心。但李嘉诚吭都没吭一声，迅速缠上绷带，就像什么事都没发生一样，又继续操作。

后来，伤口发炎肿胀，他才到诊所去看医生。

许多年后，一位记者向李嘉诚提及此事说："你的经验，是以血的代价换得的。"

李嘉诚微笑着说："大概不好这么说，那都是我愿意做的事，只要你愿做某件事情，就不会在乎其他的。"

李嘉诚自小受儒家思想的熏陶和影响，谦逊持重。其实，就客观而言，记者的话并没有夸大其词。

到了这一步，李嘉诚似乎应该心满意足了，然而，在他的人生字典中没有满足二字。正干得顺利的他，再一次跳槽，重新投入社会，以自己的聪明才智，开始新的人生搏击。

只不过，这一次，李嘉诚不是到另一家企业去打工，而是要开创自己的事业——他要办一个工厂，自己当领导！

经过了多年的痛苦经历和磨炼，李嘉诚很快地成熟了。他像喷薄欲出的一轮红日，积累了太多的能量，而终于到了横空出世的时候。古往今来，无数人都有过与李嘉诚相类似的痛苦经历，但是能够成就大业的人毕竟寥寥无几。为什么呢？因为他们不会挑战自己。

当"知足常乐"成为一些人生活信条的时候，"否定自己"就显得很有震撼力。确实，安于现状也能暂时得到一些世俗的幸福，但随之而来的，可能是懒散与麻木。甚至可以这样说：开除自己，是对智力与勇气的挑战。

若从字面上说，开除自己，还有这样一层意思：如果你是个见了毛毛虫也要打哆嗦的人，那么，请开除自己的懦弱；倘若你是一个毫不利人、专门利己的人，那么，请开除自己的自私……同样道理，我们还可以开除自己的浅薄、浮躁、虚伪、狂妄——总之，你尽可能地开除自己的缺点好了，使自己不断地趋于完美，就像一棵不断修枝剪蔓的树，唯一的目标，就是为了日后做一棵高大挺拔的栋梁之材。

把自己从相对安逸的环境中开除出去，再开除自己身上的缺点，那么，你离成功的彼岸，肯定会越来越近。不管怎么说，开除自己，就是在给自己提供压力的同时，也提供了更多的希望与机遇。

　　而只有那些不断超越自己的人，才能不断取得伟大的成功。牛顿把自己看做是在真理的海洋边捡贝壳的孩子。爱因斯坦取得成绩越大，受到称誉越多，越感到无知，他把自己所学的知识比作一个圆，圆越大，它与外界未知领域的接触面也就越大。科学无止境，奋斗无止境，人类社会就是在不满足已有的成功中不断进步的。

　　李小龙很喜欢下面这首诗，相信你也会喜欢。

认 为

如你"认为"自己会败，你已败了，

如你"认为"自己不敢，你就不敢。

如你"想"赢，却"认为"赢不了，

几乎可以断定你与胜利无缘。

如你"认为"自己会输，你已输了。

证诸寰宇我们发现，

成功始于人之"意志"，

一切决于"心念"之间。

如你"认为"自己落后，你必如此。

你需拥有"意念"登高，

于"相信"自己之后，

方能赢得荣耀目标。

人生战役并非总是偏向，

力量较强或速度快者，

迟早胜利将归于他们——

"自认"会赢之勇者！

第三节

没有永远的失败，
只有暂时的不成功

> 走得慢的人，只要他不丧失目标，也比漫无目的地徘徊的人走得快。
>
> ——莱辛

永远坐在最前排，锻造一颗积极进取的心

20 世纪 30 年代，英国一个不出名的小镇里，有一个叫玛格丽特的小姑娘，自小就受到严格的家庭教育。父亲经常对她说："孩子，永远都要坐前排。"父亲极力向她灌输这样的观点：无论做什么事情都要力争一流，永远走在别人前头，而不能落后于人。"即使是坐公共汽车，你也要永远坐在前排。"父亲从来不允许她说"我不能"或者"太难了"之类的话。

对年幼的孩子来说，他的要求可能太高了，但他的教育在以后的年代里被证明是非常宝贵的。正是因为从小就受到父亲的"残酷"教育，

才培养了玛格丽特积极向上的决心和信心。在以后的学习、生活或工作中，她时时牢记父亲的教导，总是抱着一往无前的精神和必胜的信念，尽自己最大努力克服一切困难，做好每一件事情，事事必争一流，以自己的行动实践着"永远坐在前排"。

玛格丽特在学校永远是最勤恳的学生，是学生中的佼佼者之一。她以出类拔萃的成绩顺利地升入当时像她那样出身的学生绝少能进入的文法中学。

在玛格丽特满17岁的时候，她开始明确了自己的人生追求——从政。然而，那个时候，进入英国政坛要有一定的党派背景。她出身保守党派氛围的家庭，但要想从政，还必须要有正式的保守党关系，而当时的牛津大学就是保守党员最大俱乐部的所在地。由于她从小受化学老师的影响很大，同时想到大学学习化学专业的女孩子比其他任何学科都少得多，如果选择其他的某个文科专业，那竞争就会很激烈。

于是，一天，她终于勇敢地走进校长吉利斯小姐的办公室说："校长，我想现在就去考牛津大学的萨默维尔学院。"

女校长难以置信，说："什么？你是不是欠缺考虑？你现在连一节课的拉丁语都没学过，怎么去考牛津？"

"拉丁语我可以自学掌握！"

"你才17岁，而且你还差一年才能毕业，你必须毕业后再考虑这件事。"

"我可以申请跳级！"

"绝对不可能，而且，我也不会同意。"

"你在阻挠我的理想！"玛格丽特头也不回地冲出校长办公室。

回家后她取得了父亲的支持，就开始了艰苦的复习备考工作。这样在她提前几个月得到了高年级学校的合格证书后，就参加了大学考试并如愿以偿地收到了牛津大学萨默维尔学院的入学通知书。玛格丽特离开家乡到牛津大学去了。

上大学时，学校要求学 5 年的拉丁文课程。她凭着自己顽强的毅力和拼搏精神，硬是在 1 年内全部学完了，并取得了相当优异的考试成绩。其实，玛格丽特不光是学业上出类拔萃，她在体育、音乐、演讲及学校活动方面也都表现得很出色。所以，她的校长这样评价她："她无疑是我们建校以来最优秀的学生之一，她总是雄心勃勃，每件事情都做得很出色。"

40 多年以后，这个当年对人生理想孜孜以求的姑娘终于如愿以偿，成为英国乃至整个欧洲政坛上一颗耀眼的明星，她就是连续 4 年当选保守党党魁，并于 1979 年成为英国第一位女首相，雄踞政坛长达 11 年之久，被世界政坛誉为"铁娘子"的玛格丽特·撒切尔夫人。

人生就是一场战斗，想要快速通关就要做到奋力冲在最前线。

"永远坐在前排"，不仅可以激励我们追求成功的愿望，更重要的是，它还可以培养我们追求成功的信心和勇气。

跌倒后别急着站起来，先寻找摔倒的原因

一个屡屡失意的年轻人千里迢迢来到普济寺，慕名寻到老僧释圆，他沮丧地对释圆说道："人生总是不如意，活着也是苟且，有什么意思呢？"

释圆静静听着年轻人的叹息和絮叨，末了才吩咐小和尚说："施主远道而来，烧一壶温水送过来。"

不一会儿，小和尚送来了一壶温水，释圆抓了茶叶放进杯子，然后用温水沏了，放在茶几上，微笑着请年轻人喝茶。杯中冒出微微的水汽，茶叶静静浮着。年轻人不解地询问："宝刹这样温茶？"

释圆笑而不语。年轻人喝一口细品，不由摇摇头："一点茶香都没有。"

释圆说："这可是闽地名茶铁观音啊。"

年轻人又端起杯子品尝，然后肯定地说："真的没有一丝茶香。"

释圆又吩咐小和尚："再去烧一壶沸水送过来。"

又过了一会儿，小和尚便提着一壶冒着浓浓白汽的沸水进来。释圆起身，又取过一个杯子，放茶叶，倒沸水，再放在茶几上。年轻人俯首看去，茶叶在杯子里上下沉浮，丝丝清香不绝如缕，望而生津。

年轻人欲去端杯，释圆作势挡开，又提起水壶注入一些沸水。茶叶翻腾得更厉害了，一缕更醇厚更醉人的茶香袅袅升腾，在禅房弥漫开来。释圆这样注了5次水，杯子终于满了，那绿绿的一杯茶水，端在手上清香扑鼻，入口沁人心脾。

释圆笑着问："施主可知道，同是铁观音，为什么茶味迥异吗？"

年轻人思忖着说："一杯用温水，一杯用沸水，冲沏的水不同。"

释圆点头："用水不同，则茶叶的沉浮就不一样。温水沏茶，茶叶轻浮水上，怎会散发清香？沸水沏茶，反复几次，茶叶沉沉浮浮，终释放出四季的风韵：既有春的幽静夏的炽热，又有秋的丰盈和冬的清冽。世间芸芸众生，也和沏茶是同一个道理。也就相当于沏茶的水温度不够，想要沏出散发诱人香味的茶水是不可能的，你自己的能力不足，要想处处得力、事事顺心自然很难。要想摆脱失意，最有效的方法就是苦练内功，提高自己的能力。"

年轻人茅塞顿开，回去后刻苦学习，虚心向人求教，不久就引起了单位领导的重视。

水温够了茶自香，当你摔倒以后不用着急站起来，而要先审视一下让你跌倒的原因。

有时候，也许是因为我们刚学会走路就急于奔跑，所以我们才会摔倒。

成功的秘诀就是绝不放弃加一点忍耐

比尔·戴维斯是世界一流的保险推销大师。在他的退休大会上，吸引了保险界的各路精英。许多同行问他："推销保险的秘诀是什么？如何才能像你一样成功？"

比尔·戴维斯坐在台上，自信地微笑着，看来对回答这个问题胸有成竹，早有准备。

这时，全场灯光逐渐暗了下来，接着从幕后走出了4名彪形大汉。他们合力扛着一座铁马，铁马下垂着一个大铁球。当现场人士丈二和尚摸不着头脑时，铁马被抬到一个十分结实的讲台上。

比尔·戴维斯手执小锤，朝大铁球敲了一下，大铁球没有动；隔了5秒，他又敲了一下，大铁球还是没动。就这样，每隔5秒，他都再敲一下……

10分钟过去了，大铁球纹丝不动；20分钟过去了，大铁球依然纹丝不动；30分钟过去了，大铁球还是纹丝不动……

台下的同行开始骚动了，后来有人陆续离场而去，后来人越走越多，最后留下来的只有零星几个人。但是，比尔·戴维斯手执小锤，还是全神贯注地继续敲着大铁球。

经过40分钟后，大铁球终于开始慢慢地晃动起来，后来摇晃的幅度越来越大，就算有人想让大铁球立刻停下来，也是很难办到的事情了！

留下来的几个同行兴奋了，又开始追问他："推销保险的秘诀是什么？如何才能像你一样成功？"

一直默默不语的比尔·戴维斯说：

"只要方向对头，成功者，绝不会放弃，直至取得成功。"

第四章

方法总比问题多

　　方法和问题是一对孪生兄弟，世上没有解决不了的问题，只有不会解决问题的人。问题是失败者逃避责任的借口，因而他们永远不会成功。而那些优秀的人不找借口找方法，把问题当成机会和挑战，因而成为成功者。所以，当你遇到问题时，应坦然面对，勤于思考，积极转换思路，寻求问题的解决方法，最终你会发现：问题再难，总有解决的方法，方法总比问题多。

第一节

没有解决不了的问题，
只有解决不了问题的人

> 在工作中，每个人都应该发挥自己最大的潜能，努力地工作而不是浪费时间寻找借口。要知道，公司安排你这个职位，是为了解决问题，而不是听你关于困难的长篇累牍的分析。
>
> ——杰克·韦尔奇

没有笨死的牛，只有愚死的汉

俗话说："山不转，路转；路不转，人转。"我国古书《易经》也说："穷则变，变则通。"的确，天无绝人之路，遇到问题时，只要肯找方法，上天总会给有心人一个解决问题、取得成功的机会。

人们都渴望成功，那么，成功有没有秘诀？其实，成功的一个很重要的秘诀就是寻找解决问题的方法。俗话说："没有笨死的牛，只有愚死的汉。"任何成功者都不是天生的，只要你积极地开动脑筋，寻找方法，终会"守得云开见月明"。

世间没有死胡同，就看你如何寻找方法，寻找出路。且看下文故事是如何打破人们心中"愚"的瓶颈，从而找到自己成功的出路。

当你驾车驶在路上，眼看就要到达目的地了，这时车前突然出现一块警示牌，上书4个大字："此路不通！"这时你会怎么办？

有人选择仍走这条路过去，大有不撞南墙不回头之势。结果可想而知，已言明"此路不通"，那个人只能在碰了钉子后灰溜溜地调转车头返回。这种人在工作中常常因"一根筋"思想而多次碰壁，空耗了时间和精力，却无法将工作效率提高一丁点，结果做了许多无用功。

有人选择停车观望，不再向前走，因为"此路不通"，却也不调头，或者是认为自己已经走了这么远，再回头心有不甘且尚存侥幸心理，若我走了此路又通了岂不亏了；或者是想如果回头了其他的路也不通怎么办？结果停车良久也未能前进一步。这种人在工作中常常会因懦弱和优柔寡断而丧失机会，业绩没有进展不说，还会留下无尽的遗憾。

还有另一类人，他们会毫不犹豫地调转车头，去寻找另外一条路。也许会再次碰壁，但他们仍会不断地进行尝试，直到找到那条可以到达目的地的路。这种人是工作中真正的勇者与智者，他们懂得变通，直到寻找到解决问题的办法，并且往往能够取得不错的业绩。

A地由于一些工厂排放污水，使很多河流污染严重，以至于下游居民的正常生活受到了威胁，环保部门联合有关当局决定寻找解决问题的办法。他们考虑对排污工厂进行罚款，但罚款之后污水仍会排到河流中，不能从根本上解决问题。有人建议立法强令排污工厂在厂内设置污水处理设备。本以为问题可以得到彻底解决，但在法令颁布之后发现污水仍不断地排到河流中。而且，有些工厂为了掩人耳目，对排污管道乔装打扮，从外面不能看到破绽，可污水却一刻不停地在流。

之后，当地有关部门立刻转变方法，采用著名思维学家德·波诺提出的设想：立一项法律——工厂的水源输入口，必须建立在它自身污水输出口的下游。

看起来是个匪夷所思的想法，经事实证明却是个好方法。它能够有效地促使工厂进行自律：假如自己排出的是污水，输入的也将是污水，这样一来，能不采取措施净化输出的污水吗？

面对问题，成功者总是比别人多想一点，老王就是这样的人。

老王是当地颇有名气的水果大王，尤其是他的高原苹果色泽红润，味道甜美，供不应求。有一年，一场突如其来的冰雹把将要采摘的苹果砸开了许多伤口，这无疑是一场毁灭性的灾难。然而面对这样的问题，老王没有坐以待毙，而是积极地寻找解决这一问题的方法，不久，他便打出了这样的一则广告，并将之贴满了大街小巷。

广告上这样写道："亲爱的顾客，你们注意到了吗？在我们的脸上有一道道伤疤，这是上天馈赠给我们高原苹果的吻痕——高原常有冰雹，只有高原苹果才有美丽的吻痕。味美香甜是我们独特的风味，那么请记住我们的正宗商标——伤疤！"从苹果的角度出发，让苹果说话，这则妙不可言的广告再一次使老王的苹果供不应求。

世上无难事，只怕有心人。面对问题，如果你只是沮丧地待在屋子里，便会有禁锢的感觉，自然找不到解决问题的正确方法。如果将你的心锁打开，开动脑筋，勇敢地走出自己固定思维的枷锁，你将收获很多。

真正杰出的人，都富有积极的开拓和创新精神，他们绝不会在没有努力的情况下，就找借口逃避。条件再难，他们也会创造解决的条件；希望再渺茫，他们也会找出许多办法去寻找希望。因为他们相信：没有笨死的牛，只有愚死的汉。只要积极开动脑筋，寻找方法，总能找到解决之道，冲出困境。

所谓没有办法就是没有想出新方法

是真的没办法吗？还是我们根本没有好好动脑筋想新方法？事实上，只要我们用一种大的视野、一种综观全局的胸怀来看待问题，用一种灵动多变的思考方式、一种随机应变的智慧去分析判断问题，就不会找不到解决问题的新方法。

"实在是没办法！"

"一点办法也没有！"

这样的话，你是否熟悉？你的身边是否经常有这样的声音？

当你向别人提出某种要求时，得到这样的回答，你是不是会觉得很失望？

当你的上级给你下达某个任务，或者你的同事、顾客向你提出某个要求时，你是否也会这样回答？

当你这样回答时，你是否能够体会到别人对你的失望？一句"没办法"，我们似乎为自己找到了可以不做的理由。

是真的没办法吗？只有暂时没有找到解决办法的困难，而没有解决不了的困难。一句"没办法"，浇灭了很多创造的火花，阻碍了我们前进的步伐！是真的没办法吗？还是我们根本没有好好动脑筋想办法？发动机只有发动起来才会产生动力，同样，想办法才会有办法！下面的故事就给我们以新的启迪。

一家位于北京市内商业闹市区、开业近两年的美容店，吸引了附近一大批稳定的客户，每天店内生意不断，美容师难得休息，加上店老板经营有方，每月收入颇丰，利润可观。但由于经营场所限制，始终无法扩大经营，该店老板很想增开一家分店，可此店开业不长，资金有限，还不够另开一间分店。

店老板苦思冥想，如何筹集到开分店的启动资金呢？他突然想到，平时不是有不少熟客都要求美容店打折优惠吗？自己都是很爽快地打了 9 折优惠。他灵机一动，推出 10 次卡和 20 次卡：一次性预收客户 10 次美容的钱，对客户给予 8 折优惠；一次性预收客户 20 次的钱，给予 7 折优惠。对于客户来讲，如果不购美容卡，一次美容要40 元，如果购买 10 次卡（一次性支付 320 元，即 10 次 ×40 元／次

×0.8=320 元），平均每次只要 32 元，10 次美容可以省下 80 元；如果购买 20 次卡（一次性支付 560 元，即 20 次 ×40 元／次 ×0.7=560元），平均每次美容只要 28 元，20 次美容可以省下 240 元。

通过这种优惠让利活动，吸引了许多新、老客户购买美容卡，结果大获成功，两个月内，该店共收到美容预付款达 7 万元，解决了开办分店的资金问题，同时也拥有了一批固定的客源。

就是用这种办法，店老板先后开办了 5 家美容分店。

有一位智者说，这个世界上有两种人：

一种人是看见了问题，然后界定和描述这个问题，并且抱怨这个问题，结果自己也成为这个问题的一部分。

另一种人是观察问题，并立刻开始寻找解决问题的办法，结果在解决问题的过程中自己的能力得到了锻炼、品位得到了提升。

你愿意成为问题的一部分，还是成为解决问题的人，这个选择决定了你是一个推动公司发展的关键员工，还是一个拖公司后腿的问题员工。

在一次企业管理培训课上，一位蛋糕店的老板陈先生和大家一起分享了他的创业经验。他深有感触地说："我很幸运，有一位善于找方法解决问题的员工。那次如果没有她，我的店很可能早就关门了。"

原来，陈老板开了一家蛋糕店。这个行业，竞争本来就十分激烈，加上陈老板当初在选择店址上有些小小的失误，开在了一个比较偏僻的胡同里，因此，自从蛋糕店开张后，生意一直不好，不到半年，就支撑不下去了。面对收支严重失衡的状况，陈老板无奈地想结束生意。这时，店里负责卖糕点的一个女员工给他提了一个建议。

原来，这个员工在卖蛋糕的时候曾经碰到过一个女客人，想给男朋友买一个生日蛋糕。当这个员工问她想在蛋糕上写些什么字的时候，女客人嗫嚅了半天才不好意思地说："我想写上：'亲爱的，我爱你'。"

员工一下子明白了女客人的心思，原来她想写一些很亲热的话，又不好意思让旁人知道。有这种想法的客人肯定不止一人，现在，各个蛋糕店的祝福词都是千篇一律的"生日快乐"、"幸福平安"之类，为何不尝试用点特别的祝福语？

于是，这个员工送走女客人后，就向陈老板建议："我们店里糕点师用来在蛋糕上写字的专用工具，可不可以多进一些呢？只要顾客来买蛋糕，就赠送一支，这样客人就可以自己在蛋糕上写一些祝福语，即使是隐私的话也不怕被人看到了。"

一开始，陈老板并没有将这个创意太当回事，只是抱着尝试的心理同意了，并做了一些简单的宣传。没想到，在接下来的一个星期中，顾客比平时增加了两倍，每个客人都是冲着那支可以在蛋糕上写字的笔来的。

陈老板说："从那以后，我的生意简直可以用奇迹来形容。我本来都做好关门的心理准备了，没想到我的店员帮了我大忙。现在，她成了我的左膀右臂，好主意层出不穷，我都觉得我离不开她了。"

西方流传着一句十分有名的谚语，叫做："Use your head."（请动动脑筋）许多成功者一生都在遵循着这句话，解决了很多被认为是根本解决不了的问题。在现代社会，每个人都在想尽一切办法来解决生活中的一切问题，而且，最终的强者也将是善于寻找新方法的那部分人。

事实上，成大事者和平庸之流的根本区别之一，就在于他们能否在遇到困难时，主动寻找解决问题的新方法。一个人只有敢于迎接挑战，并在困境中突围而出，才能奏出激昂雄浑的生命乐章。因此，我们说，成功的人并非没有遭遇过困难，只不过他们善于寻找方法，不被困难所征服罢了。

对问题束手无策的 6 种人

面对困难，一个人解决问题的能力就会突显出来。他可能并不缺少工作的热情，也绝对的敬业，但工作成效却不尽如人意，面对问题也往往束手无策。

在工作和生活中，有些人在面对问题时，不去积极地开动脑筋，主动寻求解决的方法，而是一味抱怨，或找出种种自以为冠冕堂皇的理由来推脱，所以很难成就什么大事。在此，我们将这些人具体分为以下6类，以示警醒。

第一种人：爱找借口的人

生活中，不知有多少人抱怨自己缺乏机会，并努力为自己的失败寻找借口。为什么他们总是如此煞费苦心地找寻借口，却无法将工作做好呢？如果每个人都善于寻找借口，那么努力尝试用找借口的创造力来找出解决困难的办法，也许情形会大大地不同。如果你存心拖延、逃避，你自己就会找出成千上万个理由来辩解为什么不能够把事情完成。事实上，把事情"太困难、太无头绪、太麻烦、太花费时间"等种种理由合理化，确实要比相信"只要我们足够努力、勤奋，就能做成任何事"的信念要容易得多。但如果我们经常为自己找借口，我们就做不成任何事，这对我们以后的职业生涯也是极为不利的。

如果你常常发现，自己会为没做或没完成的某些事而制造借口，或想出成百上千个理由为事情未能照计划实施而辩解，那么，你自己不妨还是多做自我批评，多多地自我反省吧！

第二种人：凡事拖延的人

拖延是解决问题的最大敌人，它不仅会影响工作的执行，更会带来个人精力的极大浪费。

拖延并不能使问题消失，也不能使解决问题变得容易起来，而只会使问题深化，给工作造成严重的危害。我们没解决的问题会由小变大，由简单变复杂，像滚雪球那样越滚越大，解决起来也越来越难。而且，没有任何人会为我们承担拖延的损失，拖延的后果可想而知。

社会学家库尔特·卢因曾经提出一个概念，叫做"力场分析法"。在这里面，他描述了两种力量：阻力和动力。他说，有些人一生都踩着刹车前进，比如被拖延、害怕和消极的想法捆住手脚；有的人则是一路踩着油门呼啸前进，比如始终保持积极、合理和自信的心态。这一分析同样适用于工作。如果你希望在职场中生存和发展，你得把脚从刹车踏板——拖延——上挪开。

第三种人：投机取巧的人

古罗马人有两座圣殿，分别是勤奋的圣殿和荣誉的圣殿，在安排座位时，他们有一个顺序：必须经过前者，才能到达后者。荣誉的必经之路是勤奋，试图投机取巧，想绕过勤奋就获得荣誉的人，总是被荣誉拒之门外。

许多生活中的实例证明，不管面临什么样的问题，如果总想投机取巧，表面上看，也许会节省一些时间或精力，但最终往往会导致更大的浪费。而且，投机取巧会使我们的能力日渐消退。只有努力寻找方法，将工作做到完美，我们才会收获得更多。

第四种人：浅尝辄止的人

在自然界，每一个物种都在发展和加强自己的新特征，以求适应环境，获得生存空间。生命的演化如此，生活和事业的发展也是如此。社会对个人的知识和经验不断提出了更高、更广、更深的要求，泛泛地了解一些知识和经验，是远远不够的。

企图掌握好几十种职业技能，还不如精通其中一两种。什么事情都知道些皮毛，还不如在某一方面懂得更多，理解得更透彻。因为这样，我们就能将精力集中在一个方向上，从而使得前进路上的方法总比问题多，就足以使自己获得巨大的成功。

有一位发明家，他尝试着发明一种新型的榨汁机，但是经受多次挫折后，他丧失了耐心，在离成功只有一步之遥时，他放弃了努力。他将长时间积累的职业经验和资源都舍弃了，自然也就无法形成自己的核心能力。

许多"离成功只有一步之遥"的人，恰恰因为缺乏最后跨入成功门槛的勇气而功败垂成，这是他们为浅尝辄止所付出的沉重代价。

第五种人：消极怠慢的人

王峰毕业后在一家服装公司从事销售工作，虽然这与他当初的理想和目标相距甚远，但他没有消极悲观，他满怀热情并全心全意地投入自己的工作中。他把热情与活力带到了公司，传递给了客户，使每一个和他接触的人都能感受他的活力。正因为如此，尽管他才工作了一年，就被破格提升为销售部主管。

而同样很年轻的李远，也在短期内被提升为公司的管理层。有人问到他成功的秘诀时，他答道："在试用期内，我发现每天下班后其他人都走了，而老板却常常工作到深夜。我希望能够有更多的时间学习一些业务上的东西，就留在办公室里，同时给老板提供一些帮助。尽管没人这么要求我，而且我的行为还受到一些同事的议论，但我相信我是对的，并坚持了下来。长时间下来，我和老板配合得很好，他也渐渐习惯要我负责一些事……"

在很长一段时间里，李远并未因积极主动的工作而获取任何酬劳，可他学到了很多知识并获得了老板的赏识与信任，赢得了升职的机会。

大多数人并不像王峰和李远，他们常常以一种怠惰而被动的态度来对待自己的工作，在遇到问题时也不急于寻求解决之道。其实他们不是没有自己的理想，但很容易一遇困难就要放弃，他们缺少一种精神支柱，缺少克服困难、解决问题的主动性。

一个人在工作时所表现出来的精神面貌，不仅会对工作效率和工作质量有影响，而且对他品格的形成也有很大影响。不管你的工作和地位是如何的平凡，倘若你能够全心全意投入你的工作，就像艺术家投身于他的作品，那么所有的疲劳与懈怠都会消失。其实，我们在各行各业都有施展才华和升职的机会，关键要看你是不是以积极主动的态度来对待你的工作，以积极主动的态度来寻找解决问题的方法。

第六种人：畏惧问题的人

获得成功，谈何容易？这需要克服各种困难，解决各种问题。

可不是吗？好比赤手空拳去建立自己的王国，你要招揽人才，建立军队，开辟领地，确立制度，发展经济，治理国民，每一项工作都存在着许多困难和问题，需要你去克服解决。

不管你的王国是建立在哪种行业上，情形都是一样，当然，王国的规模愈大，问题就愈多、愈复杂。

在关键的地方无法解决问题，便会招致失败。即使这个问题解决了，又会有新问题出现。总之，在你面前，经常潜伏着失败的阴影。

胆怯的人，一想到要面对重重困难，想到失败的可怕，便会停下脚步，不敢往前走。结果，未起步的，永远停在原地；已起步的，就半途而废。

巴顿将军有句名言："一个人的思想决定一个人的命运。"不敢向高难度的问题挑战，对问题束手无策，是对自己能力的否定，只能使自己无限的潜能化为有限的成就。只有勇于向问题挑战，才能获得成功。

第二节

方法总比问题多

世上最有价值的知识就是关于方法的知识。避开问题的最佳途径便是运用方法将它解决掉。

——达尔文

发现问题才有解决之道

纵观古今中外的名人，不管是自然科学家还是社会科学家，是政治家还是外交家，是哲学家还是数学家，几乎都是善于思考、观察、发现和提出问题，或是善于在他人发现的基础上提出问题并找出解决方法而获得成功的人。

爱因斯坦说："发现问题，提出问题，比解决问题更重要……因为解决问题也许仅是一个数学上或实验上的技能而已，而提出新的问题、发现新的可能性，从新的角度去看旧的问题，都需要有创造性的想象力，而且标志着科学的真正进步。"

的确，解决问题的能力很重要，对于个人或是事物的发展和成功都是必不可少的。但发现问题并不比解决问题逊色，有时甚至比解决问题来得更重要。

解决问题是个人能力的综合，而发现问题更是个人水平的体现。无法创造性地使用知识，无法发现问题，那是毫无用处的，而且往往很容易让我们陷入问题所带来的困境。唯一让我们不陷入问题所带来的困境中的方法，就是主动寻找问题。成功需要人们寻找解决问题的方法，但成功更需要我们有超越他人的发现问题的能力。"电话之父"贝尔的成长经历就是一个很好的例子。

贝尔原是语音学教授，一天他在家修理电器时偶然发现，当电流接通或截断时，螺旋线圈会发出噪音。于是他想，是否能以电传送语音甚至发明电话？

这一设想一提出，立即遭到许多人的讥笑，说他不懂电学才会有如此奇怪的想法。贝尔的确一点也不懂电学，但他并没有放弃，而是千里迢迢前往华盛顿，向美国著名的物理学家、电学专家约瑟夫·亨利请教。亨利对他的想法给予了充分肯定，并鼓励贝尔去学习电学知识。

亨利的肯定对贝尔产生了很大的影响，他辞去了教授职务，一心扎入发明电话的试验中。他刻苦用功地学习着电学知识。两年后，世界上第一部电话，由贝尔试验成功。

为何电话不是由那些懂得电学知识的专家，而是由一个语音学家发明的呢？只因为他善于发现问题，使他比别人更快地找到了"市场的标靶"和可以为之奋斗的目标。而相关知识，即使一时不具备，也可以去学。

一个人具有某方面的能力是很重要的。但真正要想获得成功，必须具备捕捉问题的能力。

当然，发现问题并不等于是解决了问题，我们也并不期许所有的问题被解决时，就是完善的、完美的。问题的解决有待社会的发展、个人能力的提高。但是不可否认，有了发现才能有所认识，提出问题才可能解决问题，发现问题是解决问题的第一步，也是重要的一步。

4000多年前，我们的祖先黄帝发现了"磁石"可指南的现象，因而设计了"指南车"，并用于战争；哥白尼发现了"地心说"的谬误而提出了"日心论"的科学假设；爱因斯坦12岁时就提出"假如我以光速追随一条光线的运动，那会看到什么现象"，这个问题最终成为他一生为之奋斗的目标，并获得巨大的成功……

创造奇迹的关键，在于具备一双发现的眼睛。生活需要发现的眼睛，问题需要发现的眼睛。许多伟大的发明和创造都是从不经意的发现开始，难题的解决也基于它本身的发现，或许只是一个简单的想法，一个美丽的假设。但正是因为问题的发现，它才得到了关注和认识，才有了解决的可能。

有句话说：生活不是缺少美，而是缺少发现美的眼睛。将这句话运用到问题的解决上，也同样适用。发现问题是解决问题的首要前提，问题出现了，如果你发现不了，又何谈解决之道呢？只有拥有一双善于发现的眼睛，你才能认识到问题的症结所在，从而有针对性地寻找应对之策，将问题解决掉。

不只一条路通向成功

解决问题的方法并不是唯一的，当我们一次次的失败之后，不妨改变一下角度，从别处综观整个问题的概貌，或许能找到一条捷径，找到另一种更有效的方法。

生活中，我们不可能总是一帆风顺，做任何事情都能获得成功。当一条路已经走不通时，如果还继续坚持，那就是走入了死胡同。此时，积极思考、大胆开拓新的道路，将会给你带来意想不到的成功与收获。物质和知识的贫穷不是最可怕的，最可怕的是想象力和创造力的贫穷。随着生活的发展，很多事物都在发展变化。如果你能够随着时代的发展而发展，寻找多条通往成功的道路，你就会永远立于不败之地。

在现实中，有许多问题、情况是我们过去遇到过或是别人遇到过的，所以我们习惯按照既定的方法或常规的思路去解决。不错，经验的确能帮助我们省去许多麻烦，但是同样也会让我们走入一种思维定式，让我们忘记，其实有许多方法都能解决问题，甚至有的方法更快更好，只是因为我们不熟悉，没有采用过，只是因为我们习惯于用某种思路或方法解决困难，所以我们固执地认为除了这种方法，根本无他路可走。

但事实真是如此吗？许多情况下，解决问题的方法并非只有一种，就如同通往罗马的路不只一条一样。我们没有找到另一条路，是因为我们尚未发现它，而并非它不存在。下面的故事就会给我们新的启迪。

物理学家甲、工程学家乙和画家丙三个人讨论谁的智商高。他们互不服气，最后决定通过一场比赛来评判三人的智力水平。

主考官把他们领到一座塔下，并给了他们每人一只气压表，让他们依靠气压表，得到这座塔的高度。原则是：只要达到目的，什么方法都可以，但创造性最强的为胜。

比试的这三人，职业不同，知识结构也不同，各人用的方法自然也各不相同。

乙尤其高兴，也觉得这对他来说再简单不过了，于是他很快站出来，在塔底测量了大气气压，登上塔顶又测量了一次气压，得到塔底和塔顶气压的差值，再根据每升高 12 米气压下降 1 毫米汞柱的公式，计算出塔的高度。他自己觉得，这是一份最准确的答卷。

甲不慌不忙地登上塔顶，探出身来，看着手表的秒针，轻轻松手让气压表自由落下，准确记录了气压表落到地面所需的时间，再根据自由落体公式，算出塔的高度。他很得意，这个方法很不错，所得结论与塔的实际高度不会相差太远。

最后轮到丙，这可难住他了。他既没有甲的学识，又没有乙的经验，科学办法他拿不出来，眼前几乎是一个"绝境"。不过，他很镇定。没有科学条件是劣势，但没有思维定式则是优势，这就为他提供了更大的选择空间。丙想，没有正路就走偏路，反正能达到目的就是胜利。他发挥想象力，对各种可能的方法搜寻了一番，禁不住笑了起来，因为办法太简单了：他将气压表送给看守宝塔的人——作为交换条件，让守塔人到储藏间把塔的设计图找出来。就这样，画家得到了图纸，拂去设计图上的灰尘，很快得到了塔的精确高度。

比赛的结果可想而知，自然是画家丙获得了最后的胜利。

画家虽然没有物理学方面的知识，也没有工程学方面的知识，但他却能在看似无计可施的情况下，撇开原先的想法，将目光投向图纸，这是一种新发现，一种创新思维，并且最终找到了塔的高度的精确答案。

"条条大路通罗马"，没有什么问题的解题方式一定是唯一的。如果此路不通，那么可以适时地转换思路和方法，转走他路，往往能得到意想不到的效果。

那些胸怀抱负、渴望成功的人，都会为他们的人生做一番规划。他们制订详细的步骤、严谨的计划，坚持按照自己的计划努力，并相信只有这样才能确保成功。当他们在实施计划的过程中遇到挫折或不可避免的变化时，就会像很多书籍所鼓励的那样：坚持！再坚持！却不会发挥自己的想象力和创造力，开发另一条通往成功的道路。在他们一再遭受挫折与失败后，不禁心灰意冷，沮丧失望，哀叹时运的不济、命运的不公。他们不知道：通向成功的路不只一条。

在人生的旅途中，总会有一些困难挡住我们前进的脚步，这个时候我们便会告诉自己坚持下去，不要放弃，终会获得成功。其实，很多时候，放弃恰恰是成功的开始。因为，通向成功的路不只一条，没必要一条路走到黑，头碰南墙才回头。放弃最初选择并不意味着背叛了自己，放弃无可挽回的事情并不说明你的人生从此暗淡无光。放弃，是为了更好地得到，只有果断放弃，才能把握更多。

变通地运用方法解决问题

在善于变通地运用方法解决问题的人的世界里，不存在困难这样的字眼。再顽固的荆棘，也会被他们用变通的方法拔根而起。他们相信，凡事必有方法可以解决，而且能够解决得很完美。事实也一再证明，看似极其困难的事情，只要变通地运用方法，必定会有所突破，有所成就。

《围炉夜话》中说："为人循矩度，而不见精神，则登场之傀儡也；做事守章程，而不知权变，则依样之葫芦也。"一个卓越的人必是善于变通地运用方法解决问题的人。当他发现一条路不通或太挤时，就会及时转换思路，改变方法，寻求一条更为通畅的路。

一流之人善于变通，末流之人故步自封。凡能变通地运用方法解决问题的人，都是能够主动创新的人，也是最受欢迎的人。凡世间取得卓越成就之人无不深知变通之理，无不熟谙变通之术。

换一种思维方式，能使你在做事情、遭遇困境时找到峰回路转的契机，同时赢得一片新的天地。

在一个家电公司的会议上，高层主管们正在为自己新推出的加湿器制订宣传方案。

在现有的家电市场上，加湿器的品牌已经多如牛毛，而且每一个厂家都挖空了心思来推销自己的产品。怎样才能在如此激烈的竞争中，将自己的加湿器成功地打入市场呢？所有的主管都为此一筹莫展。

这时，一个新上任的主管说道："我们一定要局限在家电市场吗？"所有的人都愣住了，静听他的下文："有一次，我在家里看见妻子做美容用喷雾器，于是就想，我们的加湿器为什么不可以定位在美容产品上呢……"

他还没有说完，总裁就一跃而起，说道："好主意！我们的加湿器就这样来推销！"

于是，在他们新推出的广告理念中，加湿器就被作为冬季最好的保湿美容用品。他们的口号是——加湿器：给皮肤喝点水。

新的加湿器一上市，就成功抢占了市场，当然，这和他们新颖的创意宣传是分不开的。

在家电市场竞争日益激烈的销售战中，几乎每一种品牌都在无所不用其极地使人们记住他们的产品，在这种情况下，如果依然在家电圈子里打主意，意义就不大了。

重新为自己的产品定位，给自己的产品一个新的角度，该家电公司的这一全新的理念，为自己赢来了一个新的市场。这样的创新，不仅使消费者耳目一新，重新认识了加湿器，也使他们避开了激烈的家电市场竞争，成功地推销了自己的产品。

随着社会的发展，变通地运用方法解决问题越来越显得重要，也越来越被人们所认识。只有善于变通、勤于寻找方法的人在社会上才具有更大的价值，才是社会最需要的人。

第三节

只为成功找方法，不为问题找借口

遇到困难和问题，我们应该学会改变思路。思路一转变，原来 那些难以解决的困难和问题，就会迎刃而解。

——洛克菲勒

借口是失败的温床

借口是失败的温床。有些人在遇到困境，或者没有按时完成任务时，都试图找出一些借口来为自己辩护，安慰自己，总想让自己轻松些、舒服些。在一个公司里，老板要的是勤奋敬业、不折不扣、认真执行任务的员工。如果一个员工经常迟到早退，对工作马马虎虎，还不时找借口说自己很忙，那么这样的员工是不会赢得老板信任和同事尊重的。

在日常生活中，我们经常会听到这样一些借口：上班迟到，会说"路上塞车"；任务完不成，会说"任务量太大"；工作状态不好，会说"心情欠佳"……我们缺少很多东西，唯独不缺的好像就是借口。

殊不知，这些看似不重要的借口却为你埋下了失败的基石。借口让你获得了暂时的原谅和安慰，可是，久而久之，你却丧失了让自己改进的动力和前进的信心，只能在一个个借口中滑向失败的深渊。

刚毕业的女大学生刘闪，由于学识不错，形象也很好，所以很快被一家大公司录用。

刚开始上班时大家对刘闪印象还不错，但没过几天，她就开始迟到早退，领导几次向她提出警告，她总是找这样或那样的借口来解释。

一天，老总安排她到北京大学送材料，要跑三个地方，结果她仅仅跑了一个就回来了。老总问她怎么回事，她解释说："北大好大啊。我在传达室问了几次，才问到一个地方。"

老总生气了："这三个单位都是北大著名的单位，你跑了一下午，怎么会只找到这一个单位呢？"

她急着辩解："我真的去找了，不信你去问传达室的人！"

老总心里更有气了："我去问传达室干什么？你自己没有找到单位，还叫老总去核实，这是什么话？"

其他员工也好心地帮她出主意：你可以打北大的总机问问三个单位的电话，然后分别联系，问好具体怎么走再去。你不是找到其中的一个单位吗？你可以向他们询问其他两家怎么走。你还可以进去之后，问老师和学生……

谁知她一点也不领会同事的好心，反而气鼓鼓地说："反正我已经尽力了……"

就在这一瞬间，老总下了辞退她的决心：既然这已经是你尽力之后达到的水平，想必你也不会有更高的水平了。那么只好请你离开公司了！

虽然刘闪的举动让很多人难以理解，但像这种遇到问题不去想办法解决而是找借口推诿的人，在生活中并不少见。而他们的命运也显而易见——凡事找借口的人，在社会上绝对站不稳脚跟。

美国成功学家格兰特纳说过这样一段话："如果你有自己系鞋带的能力，你就有上天摘星的机会！让我们改变对借口的态度，把寻找借口的时间和精力用到努力工作中来。因为工作中没有借口，人生中没有借口，失败没有借口，成功也不属于那些寻找借口的人！"

找了借口，就不再找方法了

平庸的人之所以平庸，是因为他们总是找出种种理由来欺骗自己。而成功的人，会想尽一切方法来解决困难，而绝不找半点借口让自己退缩。没有任何借口，是每个成功者走向成功的通行证。

任何一个社会似乎都存在两种人：成功者和失败者。根据二八法则，20%的人掌握着社会中80%的财富。什么原因让少数人比多数人更有力量？因为多数人都在找借口。20和80的区别在于：一种是不找借口只找方法的人，另一种是不找方法只找借口的人。而前一种人往往是成功者，后一种人往往是失败者。

须知，成功也是一种态度，整日找借口的人是很难获得成功的。你尽可以悲伤、沮丧、失望、满腹牢骚，尽可以每天为自己的失意找到一千一万个借口，但结果是你自己毫无幸福的感受可言。你需要找到方法走向成功，而不要总把失败归于别人或外在的条件。因为成功的人永远在寻找方法，失败的人永远在寻找借口，而一旦你找了借口，就不会冥思苦想地去寻找方法了，而不找方法，你就很难走向成功。

有一家名叫凯旋的天线公司，有一天总裁来到营销部，让员工们针对天线的营销工作各抒己见，畅所欲言。

营销部李部长耷拉着脑袋叹息说："人家的天线三天两头在电视上打广告，我们公司的产品毫无知名度，我看这库存的天线真够呛。"部里的其他人也随声附和。

总裁脸上布满阴霾，扫视了大伙儿一圈后，把目光驻留在进公司不久的大刘身上。总裁走到他面前，让他说说对公司营销工作的看法。

大刘直言不讳地对公司的营销工作存在的弊端提出了个人意见。总裁认真地听着，不时嘱咐秘书把要点记下来。

大刘告诉总裁，他的家乡有十几家各类天线生产企业，唯有001天线在全国知名度最高，品牌最响，其余的都是几十人或上百人的小规模天线生产企业，但无一例外都有自己的品牌，有两家小公司甚至把大幅广告做到001集团的对面墙壁上，敢与知名品牌竞争。

总裁静静地听着，挥挥手示意大刘继续讲下去。

大刘接着说："我们公司的天线今不如昔，原因颇多，但总结起来或许是我们的销售策略和市场定位不对。"

这时候，营销部李部长对大刘的这些似乎暗示了他们工作无能的话表示了愠色，并不时向大刘投来警告的一瞥，最后不无讽刺地说："你这是书生意气，只会纸上谈兵，尽讲些空道理。现在全国都在普及有线电视，天线的滞销是大环境造成的。你以为你真能把冰推销给爱斯基摩人？"

李部长的话使营销部所有人的目光都射向大刘，有的还互相窃窃私语。李部长不等大刘"还击"，便不由分说地将了他一军："公司在甘肃那边还有5000套库存，你有本事推销出去，我的位置让你坐。"

大刘朗声说道："现在全国都在搞西部开发建设，我就不信质优价廉的产品连人家小天线厂也不如，偌大的甘肃难道连区区5000套天线也推销不出去？"

几天后，大刘风尘仆仆地赶到了甘肃省兰州市中兴大厦。大厦老总一见面就向他大倒苦水，说他们厂的天线知名度太低，一年多来仅仅卖掉了百来套，还有4000多套在各家分店积压着，并建议大刘去其他商场推销看看。

接下来，大刘跑遍了兰州几个规模较大的商场，有的即使是代销也没有回旋余地，因此几天下来毫无建树。

正当沮丧之际，某报上一则读者来信引起了大刘的关注，信上说那儿的一个农场由于地理位置的关系，买的彩电都成了聋子的耳朵——摆设。

看到这则消息，大刘如获至宝，当即带上10来套天线样品，几经周折才打听到那个离兰州有100多公里的天运农场。信是农场场长写的，他告诉大刘，这里夏季雷电较多，以前常有彩电被雷电击毁，不少天线生产厂家也派人来查，都知道问题出在天线上，可查来查去没有眉目，使得这里的几百户人家再也不敢安装天线了，所以几年来这儿的黑白电视只能看见哈哈镜般的人影，而彩电则只是形同虚设。

大刘拆了几套被雷击的天线，发现自己公司的天线与他们的毫无二致，也就是说，他们公司的天线若安装上去，也免不了重蹈覆辙。大刘绞尽脑汁，把在电子学院几年所学的知识在脑海里重温了数遍，加上所携仪器的配合，终于使真相大白，原因是天线放大器的集成电路板上少装了一个电感应元件。这种元件一般在任何型号的天线上都是不需要的，它本身对信号放大不起任何作用，厂家在设计时根本就不会考虑雷电多发地区，没有这个元件就等于使天线成了一个引雷装置，它可直接将雷电引向电视机，导致线毁机亡。

找到了问题的症结，一切都可以迎刃而解了。不久，大刘在天线放大器上全部加装了感应元件，并将这种天线先送给场长试用了半个多月。期间曾经雷电交加，但场长的电视机却安然无恙。此后，仅这个农场就订了500多套天线。同时热心的场长还把大刘的天线推荐给存在同样问题的附近 5 个农林场，又给他销出 2000 多套天线。

一石激起千层浪，短短半个月，一些商场的老总主动向大刘要货，连一些偏远县市的商场采购员也闻风而动，原先库存的 5000 余套天线很快售完。

一个月后，大刘返回公司。而这时公司如同迎接凯旋的英雄一样，为他披红挂彩并夹道欢迎。营销部李部长也已经主动辞职，公司正式任命大刘为新的营销部部长。

在这个故事中，大刘成功了，是因为他没有跟着李部长找借口推脱责任，而是积极地寻找解决问题的方法。反之，李部长失败了，因为他只是一味寻找借口，而不去寻找方法，自然要被找方法而不找借口的大刘取而代之。

许多杰出的人都富有开拓和创新精神，他们绝不在没有努力的情况下就事先找好借口。没有任何借口，是每个成功者走向成功的通行证。

有些人往往有这样的借口——"我干不了这个！"所以常导致这种错误：在进行着一件重要的工作时，往往预留一条退路。但是当一个士兵知道虽然战争极其激烈但仍有一条后路时，他大概是不会拼尽他的全部力量的。只有在一切后退的希望都没有了的时候，一支军队才肯用一种决死的精神拼战到底。

拒绝借口，就是要断绝一切后路，倾注全部的心血于你的事业中，抱定任何阻碍都不能使你向后转的决心——这样的精神是最可贵的。只有具备这样的精神，你才能取得成功。

扔掉"可是"这个借口

拒绝"可是"，拒绝借口，你才能找到解决问题的切入点，才能真正认识到自己的能力，而后准确地给自己定位。因为任何"可是"、任何借口，其实都是懒人的托词，它只能慢慢地把你推向失败的漩涡，让你处于一种疲惫且不知前进的状态。而扔掉"可是"这个借口，你才能发掘出自己的潜能，闯出属于自己的一片天地。

"我本来可以，可是……"

"我也不想这样，可是……"

"是我做的，可是这不全是我的错……"

"我本来以为……可是……"

行事不顺时，我们都喜欢以"可是"这个借口来推脱责任，却很少有敢于承担后果的勇气，很少去思考解决问题的方法，就这样不断地求助于"可是"，不断地寻找各种各样的借口，糟糕的事情不断发生，生活也就不断地出现恶性循环。须知，唯有扔掉"可是"这个借口，你才能跨出心灵的囚笼，取得意想不到的辉煌成果。

对于很多善于找借口的人来说，从一件事情上入手来尝试着丢掉借口，抓紧时间，集中精力去做好手边的事，也许结果会大不相同。

一次，美国著名教育家、人际关系专家戴尔·卡耐基先生的夫人桃乐西·卡耐基女士，在她的训练学生记人名的一节课后，一位女学生跑来找她，这位女学生说：

"卡耐基太太，我希望你不要指望你能改进我对人名的记忆力，这是绝对办不到的事。"

"为什么办不到？"卡耐基夫人吃惊地问，"我相信你的记忆力会相当棒！"

"可是这是遗传的呀，"女学生回答她，"我们一家人的记忆力全都不好，我爸爸、我妈妈将它遗传给我。因此，你要知道，我这方面不可能有什么更出色的表现。"

卡耐基夫人说："小姐，你的问题不是遗传，是懒惰。你觉得责怪你的家人比用心改进自己的记忆力容易。你不要把这个'可是'当做你的借口，请坐下来，我证明给你看。"

随后的一段时间里，卡耐基夫人专门耐心地训练这位小姐做简单的记忆练习，由于她专心练习，学习的效果很好。卡耐基夫人打破了那位小姐认为自己无法将记忆力训练得优于父母的想法。那位小姐就此学会了从自己本身找缺点，学会了自己改造自己，而不是找借口。

"可是"这个借口是人们回避困难、敷衍塞责的"挡箭牌"，是不肯自我负责的表现，是一种缺乏自尊的生活态度的反映。怎样才能不再找借口，并不是学会说"报告，没有借口"就足够了，而是要按照生活真实的法则去生活，重新寻回你与生俱来但又在成长过程中失去的自尊和责任感。

你改变不了天气，请不要说"可是"，因为你可以调整自己的着装；你改变不了风向，请不要说"可是"，因为你可以调整你的风帆；你改变不了他人，请不要说"可是"，因为你可以改变你自己。所以，面对困难，你可以调整内在的态度和信念，通过积极的行动，消除一切想要寻找借口的想法和心理，成为一个勇于承担责任的人，成为一个不抱怨、不推脱、不"可是"、不为失败找借口的人。

扔掉"可是"这个借口，让你没有退路，没有选择，让你的心灵时刻承载着巨大的压力去拼搏、去奋斗，置之死地而后生。只有这样，你的潜能才会最大限度地发挥出来，成功也会在不远的地方向你招手！

成功的人不会寻找任何借口，他们会坚毅地完成每一项简单或复杂的任务。一个追求成功的人应该确立目标，然后不顾一切地去追求目标，最终达到目标，取得成功。

许多人总爱为自己找各种各样的借口，以便让自己保存一些脸面。殊不知，这种错误的心理和方式，只会让自己逐渐滑入失败的深渊。在通常情况下，借口会让人失去信心，而处于一种疲软的生活状态之中。拒绝"可是"这个借口，向借口开刀是决定你能否胜出一般人的第一标志。

拒绝说"办不到"

冲破人生难关的人一定是一个拒绝说"办不到"的人，在面对别人都不愿正视的问题或者困难时，他们勇于说"行"。他们会竭尽全力、想尽一切方法将问题解决，等待他们的也将是艰辛后的成果、付出后的收获。

实际生活中，许多人的困境都是自己造成的。如果你勤奋、肯干、刻苦，就能像蜜蜂一样，采的花越多，酿的蜜也越多，你享受到的甜美也越多。如果你以"办不到"来搪塞，不知进取，不肯付出半点辛劳，遇点困难就退缩，那么你就永远也品尝不到成功的喜悦。

失败者的借口通常是"我能力有限，我办不到"。他们将失败的理由归结为不被人垂青，好职位总是让他人捷足先登。那些意志坚强的人则绝不会找这样的借口，他们不等待机会，也不向亲友们哀求，而是靠自己的勤奋努力去创造机会。他们深知唯有自己才能拯救自己，他们拒绝说"办不到"。文杰就是这样一个人。

文杰在一家大型建筑公司任设计师，常常要跑工地，看现场，还要为不同的客户修改工程细节，异常辛苦，但她仍主动地做，毫无怨言。

虽然她是设计部唯一的女性，但她从不因此逃避强体力的工作。该爬楼梯就爬楼梯，该到野外就勇往直前，该去地下车库也是二话不说。她从不感到委屈，反而挺自豪，她经常说："我的字典里没有'办不到'这三个字。"

有一次，老板安排她为一名客户做一个可行性的设计方案，时间只有3天，这是一件很难做好的事情。接到任务后，文杰看完现场，就开始工作了。3天时间里，她都在一种异常兴奋的状态下度过。她食不知味，寝不安枕，满脑子都想着如何把这个方案弄好。她到处查资料，虚心向别人请教。3天后，她虽然眼睛布满了血丝，但还是准时把设计方案交给了老板，得到了老板的肯定。

后来，老板告诉她："我知道给你的时间很紧，但我们必须尽快把设计方案做出来。如果当初你不主动去完成这个工作，我可能会把你辞掉。你表现得非常出色，我最欣赏你这种工作认真、积极的人。"

因做事积极主动、工作认真，现在文杰已经成为公司的红人。老板不但提升了她，还将她的薪水翻了3倍。把"办不到"这三个字常常挂在嘴边，其实是在处处为自己寻找借口。事实上，世上之事，不怕办不到，只怕拿借口来取代方法。

这个故事告诉我们，自己的命运掌握在自己手中。只要你勤奋、肯干，积极寻找问题的答案，而非一味地给自己找借口、推脱责任，你就会品尝到成果所带来的喜悦感。

很多人遇到困难不知道去努力解决，而只是想到找借口推卸责任，这样的人很难成为优秀的人。许多成功者，他们都有一个共同的特点——勤奋。在这个世界上，勤奋的人面对问题善于主动找方法，勤奋的人拒绝借口说"办不到"，勤奋的人最易走向成功。

横跨曼哈顿和布鲁克林之间河流的布鲁克林大桥是个地地道道的机械工程奇迹。1883年，富有创造精神的工程师约翰·罗布林雄心勃勃地意欲着手这座雄伟大桥的设计，然而桥梁专家们却劝他趁早放弃这个"天方夜谭"般的计划。罗布林的儿子，华盛顿·罗布林，一个很有前途的工程师，确信大桥可以建成。父子俩构思着建桥的方案，琢磨着如何克服种种困难和障碍。他们设法说服银行家投资该项目，之后，他们怀着不可遏止的激情和无比旺盛的精力组织工程队，开始建造他们梦想中的大桥。然而在大桥开工仅几个月后，施工现场就发生了灾难性的事故。约翰·罗布林在事故中不幸身亡，华盛顿的大脑严重受伤，无法讲话，也不能走路了。谁都以为这项工程会因此而泡汤，因为只有罗布林父子才知道如何把这座大桥建成。然而，尽管华盛顿·罗布林丧失了活动和说话的能力，但他的思维还同以往一样敏捷。

一天，他躺在病床上，忽然想出一种和别人进行交流的方式。他唯一能动的是一根手指，于是他就用那根手指敲击他妻子的手臂，通过这种密码方式由妻子把他的设计和意图转达给仍在建桥的工程师们。整整13年，华盛顿就这样用一根手指发号施令，直到雄伟壮观的布鲁克林大桥最终建成。

"办不到"是许多人最容易寻找的借口，它体现出了一个人所具有的自卑感和怯懦性，这种缺乏自信的人能否做出出色的事情呢？答案恐怕只有一个："只要有这个借口存在，他永远不可能出色。"只要一个人拒绝说"办不到"，他就会显出与别人不同的工作精神和态度，从而成就出色的事业。

寻找借口、推诿责任的话语往往会强化宿命论。说者一遍遍被自己洗脑，变得更加自怨自艾，怪罪别人的不是，抱怨环境的恶劣。你是一个怎样的人呢？恐怕你也给自己寻找过各种各样的借口，所谓"办不到"正在其列。这是必须加以改正的，因为你同样也看到了以此为借口、最后无所作为的许多个案。对一个员工来说，只要他拒绝说"办不到"，就会显出与大家不一样的工作精神和态度，就会变得充满自信，用挑战的精神对待自己，从而变得日益优秀。

只为成功找方法，不为问题找借口

制造托词来解释失败，这已是世界性的问题。这种习惯与人类的历史一样古老，这是成功的致命伤！制造借口是人类本能的习惯，这种习惯是难以打破的。柏拉图说过："征服自己是最大的胜利，被自己所征服是最大的耻辱和邪恶。"

顾凯在担任云天缝纫机有限公司销售经理期间，曾面临一种极为尴尬的情况：该公司的财务发生了困难。这件事被负责推销的销售人员知道了，并因此失去了工作的热忱，销售量开始下跌。到后来，情况更为严重，销售部门不得不召集全体销售员开一次大会。全国各地的销售员皆被召去参加这次会议，顾凯主持了这次会议。

首先，他请手下最佳的几位销售员站起来，要他们说明销售量为何会下跌。这些被叫到名字的销售员一一站起来以后，每个人都有一段令人震惊的悲惨故事要向大家倾诉：商业不景气、资金缺少、物价上涨等。

当第 5 个销售员开始列举使他无法完成销售配额的种种困难时，顾凯突然跳到一张桌子上，高举双手，要求大家肃静。然后，他说道："停止，我命令大会暂停 10 分钟，让我把我的皮鞋擦亮。"

然后，他命令坐在附近的一名小工友把他的擦鞋工具箱拿来，并要求这名工友把他的皮鞋擦亮，而他就站在桌子上不动。

在场的销售员都惊呆了，他们有些人以为顾凯发疯了，人们开始窃窃私语。这时，只见那位黑人小工友先擦亮他的第一只鞋子，然后又擦另一只鞋子，他不慌不忙地擦着，表现出第一流的擦鞋技巧。

皮鞋擦亮之后，顾凯给了小工友 1 元钱，然后发表他的演说。

他说："我希望你们每个人，好好看看这个小工友。他拥有在我们整个工厂及办公室内擦鞋的特权。他的前任的年纪比他大得多，尽管公司每周补贴他 200 元的薪水，而且工厂里有数千名员工，但他仍然无法从这个公司赚取足以维持他生活的费用。

"可是这位小工友不仅不需要公司补贴薪水，还可以赚到相当不错的收入，每周还可以存下一点钱来。他和他的前任的工作环境完全相同，也在同一家工厂内，工作的对象也完全相同。

"现在我问你们一个问题，那个前任拉不到更多的生意，是谁的错？是他的错，还是顾客的？"

那些推销员不约而同地大声说：

"当然了，是那个前任的错。"

"正是如此。"顾凯回答说,"现在我要告诉你们,你们现在推销缝纫机和一年前的情况完全相同:同样的地区、同样的对象以及同样的商业条件。但是,你们的销售成绩却比不上一年前。这是谁的错?是你们的错,还是顾客的错?"

同样又传来如雷般的回答:

"当然,是我们的错。"

"我很高兴,你们能坦率地承认自己的错误。"顾凯继续说,"我现在要告诉你们。你们的错误在于,你们听到了有关本公司财务发生困难的谣言,这影响了你们的工作热情,因此,你们不像以前那般努力了。只要你们回到自己的销售地区,并保证在以后30天内,每人卖出5台缝纫机,那么,本公司就不会再发生什么财务危机了。你们愿意这样做吗?"

大家都说"愿意",后来果然也办到了。那些他们曾强调的种种借口,如商业不景气、资金缺少、物价上涨等,仿佛根本不存在似的,统统消失了。

卓越的必定是重视找方法的人。在他们的世界里不存在借口这个字眼,他们相信凡事必有方法去解决,而且能够解决得最完美。事实也一再证明,看似极其困难的事情,只要用心寻找方法,必定会成功。真正杰出的人只为成功找方法,不为问题找借口,因为他们懂得:寻找借口,只会使问题变得更棘手、更难以解决。

生活中,我们要尽量让自己专注在寻找方法的过程中,以待时机成熟,实现自己的人生目标。同样,你在公司工作,也应当选择有利于自己成长的事情,运用方法,把它们做深做透,而不是为自己留下诸多的借口,这样你才能从纷繁复杂的问题漩涡中脱身,大踏步走向成功。

第五章

励志改变人生，
打造强者心态

"英雄可以被毁灭，但是不能被击败"，强者意志的确立是十分重要的，其有无是我们的生命走向成功或失败的方向盘。在这个世界上，没有做不到的事情，只有还没有想到的事情，只要你能想得到，下定决心去做，就一定能做到；只要你有"野心"，有把"野心"贯彻到底的智慧和毅力，遇到困难时勇敢地去接受，而不是想着逃避，这样，便会离成功越来越近。

第一节

心态左右命运

> 在热情的激昂中，灵魂的火焰才有足够的力量把创造天才的各种材料熔于一炉。
>
> ——司汤达

心态对了，状态就对了

美国的一位牧师正在家里准备第二天的布道。他的小儿子在屋里吵闹不止，令人不得安宁。牧师从一本杂志上撕下一页世界地图，然后撕成碎片，丢在地上说："孩子，如果你能将这张地图拼好，我就给你1元钱。"

牧师以为这件事会使儿子花费一上午的时间，但是没过10分钟，儿子就敲响了他的房门。牧师惊愕地看到，儿子手中捧着已经拼好了的世界地图。

"你是怎样拼好的？"牧师问道。

"这很容易，"孩子说，"在地图的另一面有一个人的照片。我先把这个人的照片拼到一起，再把它翻过来。我想，如果这个人是正确的，那么，世界地图也就是正确的。"

牧师微笑着给了儿子 1 元钱，"你已经替我准备好了明天的布道，如果一个人的心态是正确的，他的世界就是正确的。"

心态决定状态，你的心态对了，状态也就不会错了。

等待 3 天，问题自然迎刃而解

应邀访美的女作家在纽约街头遇见一位卖花的老太太。这位老太太穿着相当破旧，身体看上去很虚弱，但脸上满是喜悦。女作家挑了一朵花，说："你看起来很高兴。"

"为什么不呢？一切都这么美好。"

"你很能承担烦恼。"女作家又说。然而，老太太的回答令女作家大吃一惊。"耶稣在星期五被钉在十字架上的时候，那是全世界最糟糕的一天，可 3 天后就是复活节。所以，当我遇到不幸时，就会等待 3 天，一切就恢复正常了。"

人生并非尽是事事如意，总要伴随几多不幸，几多烦恼。我们从来就不应该承认与生俱来的命运。遇到不幸时，等待 3 天，一切也许就会恢复正常了。耐心是交好运的一个重要因素。

心态决定你的人生，不要试图和自己过不去

有两个都有着亚洲血统的孤儿，后来都被来自欧洲的外交官家庭所收养。两个人都上过世界各地有名的学校。但他们两个人之间存在着不小的差别：其中一位是 40 岁出头的成功商人，他实际上已经可以退休享受人生了；而另一个是学校教师，收入低，并且一直觉得自己很失败。

有一天，他们在一起吃晚饭。晚餐在烛光映照中开场了，不久话

题进入了在国外的生活。因为在座的几个人都有过周游列国的经历，所以他们开始谈论在异国他乡的趣闻轶事。随着话题的一步步展开，那位学校教师开始越来越多地讲述自己的不幸：她是一个如何可怜的亚细亚孤儿，又如何被欧洲来的父母领养到遥远的瑞士，她觉得自己是如何的孤独。

开始的时候，大家都表现出同情。随着她的怨气越来越重，那位商人变得越来越不耐烦，终于忍不住在她面前把手一挥，制止了她的叙述："够了！你说完了没有?! 你一直在讲自己有多么不幸。你有没有想过如果你的养父母当初在成百上千个孤儿中挑了别人又会怎样？"

学校教师直视着商人说："你不知道，我不开心的根源在于……"然后接着描述她所遭遇的不公正待遇。

最终，商人朋友说："我不敢相信你还在这么想！我记得自己25岁的时候无法忍受周围的世界，我恨周围的每一件事，我恨周围的每一个人，好像所有的人都在和我作对似的。我很伤心无奈，也很沮丧。我那时的想法和你现在的想法一样，我们都有足够的理由报怨。"他越说越激动。"我劝你不要再这样对待自己了！想一想你有多幸运，你不必像真正的孤儿那样度过悲惨的一生，实际上你接受了非常好的教育。你负有帮助别人脱离贫困漩涡的责任，而不是找一堆自怨自艾的借口把自己围起来。在我摆脱了顾影自怜，同时意识到自己究竟有多幸运之后，我才获得了现在的成功！"

那位教师深受震动。这是第一次有人否定她的想法，打断了她的凄苦回忆，而这一切回忆曾是多么容易引起他人的同情。

商人朋友很清楚地说明他二人在同样的环境下历经挣扎，而不同的是他通过清醒的自我选择，让自己看到了有利的方面，而不是不利的阴影。"凡墙都是门"，即使你面前的墙将你封堵得密不透风，你也依然可以把它视作你的一种出路。

人，就是一条河，河里的水流到哪里都还是水，这是无异议的。

但是，河有狭、有宽、有平静、有清澈、有冰冷、有混浊、有温暖等现象，而人也一样。

第二节
成功要有成功心态

> 要无畏、无畏、无畏。记住，从现在起直至胜利或牺牲，我们要永远无畏。
>
> ——巴顿

决心取得成功比任何一件事情都重要

下决心是一种运用能力的过程，是一个人综合素质的折射。一个人能否成功，很大程度上取决于自己的决心。抓住机遇，下定决心，离成功也就不远；优柔寡断，踌躇不决则会错过良机，与成功失之交臂。

有人曾经对许多遭受失败和获得成功的人分别进行分析，发现在做事过程中，因犹豫不决或没有下决心而失败的人占很大比例。而相当一部分成功者，其最优秀的品格之一就是遇事果断坚决，敢于下决心，最终把握住了机遇，从而获得了成功。

按照弗洛伊德的理论，人生来就有"做伟人"的欲望。人为成功而来，也为成功而活。但"想成功"与"要成功"却是有着天壤之别的。

所以，我们在生活中会看到很多人都在说："我很想成功！"但却没有看到他们真正地下决心。要知道，成功不是喊叫出来的，也不是写出来的，成功是下决心做出来的！

很多想成功的人，对成功只是存在一种向往或一种侥幸心理。他们的目标要么游移不定，要么好高骛远，不着边际，因而很难整合现有资源，很难有计划和方法；要么迟迟不动，要么行动不坚决、不彻底、不持久，一遇挫折，立即为自己找个"本来就是想想而已"的借口，下台了事。

要成功的人才是真正在成功之前下过坚定决心的人。下定决心，不仅能体现一个人果决的勇气、决断时的自信、坚定不移的志气，更会锻造出自己的魅力，从而赢得他人的信任。只有下定决心成功，才会目标明确、现实可行。也只有下定决心的人，才会在成功的路上不断地检讨自己，改变自己，创造条件，适应环境要求；才能获得深刻的驱动力，而不顾任何艰难险阻，义无反顾，锲而不舍，持之以恒。

世界顶级的推销员与培训大师汤姆·霍普金斯曾告诉他的学员们说："成功有三个最重要的秘诀，第一个就是下定决心；第二个还是下定决心；第三个当然还是下定决心。"

这是霍普金斯之所以成功的经验之谈，因为就在他刚刚进入推销行业的时候，他常常因为害怕敲别人家门或跟陌生人谈论产品时被拒绝，故而业绩一直无法实现突破。直到有一天，他上了一个课程，在课堂上老师告诉他："下一次还有一个课程非常棒，那个课程可以帮助我们激发所有的潜能，让自己能够成为顶尖人物。"

霍普金斯说："我很想听下个课程，但我没有钱，等我存够了钱再上。"这时候老师却对他说："你到底是想成功，还是一定要成功？"他回答说："我一定要成功。"老师又问："假如你一定要成功的话，请问你会怎么处理这个事情？"于是霍普金斯回答："我会立刻借钱来上课。"

从此，霍普金斯发现了自己一直业绩平平的原因，是自己从来没有真正地下过决心。于是在下一次推销之前，他从公司里找了一位同事并带他下楼，他对同事说："你看着，假如我无法向对面那个陌生人推销产品的话，我走过马路来就被车撞死给你看。"

他说完这句话的时候，脑海里一片空白，根本不知道他即将如何推销。但他还是硬着头皮走过去，开始与陌生人交谈，于是他使出了浑身解数向那位陌生人推销产品，经过 20 分钟的苦口婆心之后，不可思议的事情发生了：他终于卖出了产品！

后来，霍普金斯在分析他的人生是怎么改变的时候，发现答案只有四个字，那就是"下定决心"。

莎士比亚说："我记得，当恺撒说'做这个'的时候，就意味着事情已经做了。"

所以，人生从你下定决心的那一刻就已经开始改变，你所作出的任何一个决定都决定着你的人生。

保持平常心，坦然面对生活

一种事物之所以能够存在，源于客观对它的需求，因此它的出现从某种意义上说就是合理的。只要认同这种合理，即是对自己的接受以及对周围的人和事物的认同。这是一种豁达的心态和比较现实的作风，是我们每个人都应该具备的一种品格。

换言之，认同自己和认同别人及世间的一切事物，就必然能够懂得黑格尔所说的"存在即是合理"的道理。

认同自己，这是一个肯定自己存在价值的过程，它所表现出来的不仅仅是一个人的自信，更是一个人坚强不屈的毅力和斗志，是一个人最大精神价值的体现。而认同别人及世间的一切事物，无疑是承认了事物的多样性，只要我们承认了这种多样性，我们就会保持一种开放的心态。承认事物的多样性以及合理性，又能反过来使人们坚信自己存在的必要性，坚持一种"天生我才必有用"的价值观念，从而为自己去赢得一个靓丽的人生，也会为社会作出自己应有的贡献。

懂得认同，承认事物的合理性，首先体现出来的是一种包容万物的博大胸怀，而拥有博大胸怀是人生取得成功的一个重要前提。我们常看到现实中有许多人习惯抱怨社会不公，认为许多事情不合理，其实大可不必，崇尚自由平等只是人的一种追求和向往，世界上是不会有绝对的自由和平等的。所以，当我们看到了一些自己难以理解或接受的丑恶现象时，我们首先就是要去承认它，认同它存在的合理性与必然性，因为这是我们革除这种丑恶的前提。

在这里，黑格尔无疑给我们提供了一种深刻认识世界的辩证法，也即道家所讲的"阴在阳之内，不在阳之对"的道理。所以，一个人如想要做到大善，心中必先要容得下大恶；一个人如果想要获得别人的赞誉，首先也必须能够承受别人的讥毁；一个人想要获得大成功，也必须能够承受大失败。古今中外成大事者，莫不如此。

承认一切事物的合理性，还能够让我们在看待事物与处理问题时保持一个平静客观的心态，并能够让我们坦然地面对生活。以一种大胸怀去看待一切事物及现象，就不至于让我们对生活产生偏激或片面的看法，也能够让我们在分析和处理问题时，以平和的心态找出现象的前因后果，从而妥善有效地解决问题。更重要的是，这种大胸怀可以让我们时刻保持一颗平常心，坦然面对人生的雨疏风骤、云卷云舒。

当然，需要指出的是，承认一切事物及现象存在的合理性，并不仅仅是要我们去麻木或冷漠地接受一切事物。承认一切事物及现象存在的合理性，也并不等于让我们在一切事情面前都要无所作为。在我们认识了事物发展的趋势和规律后，我们可以加速事物的质变。这里重要的是把握好度，事物刚出现你就想改变和否定是不可能的。而当不利于我们进一步存在的事物出现后，如果我们依然不想着去改变和否定，更是一种愚蠢的作为。

凡是存在的都是合理的。虽然某种程度上说有失偏颇，但它其实是一种洞若观火的境界，我们只有这样认为了，才不会为挫折和非难徒生许多烦恼与哀怨，而会以积极乐观大无畏的精神状态去迎接生活中所遇到的一切，从而做最好的自己，而不留下遗憾。

顽强能创造令人难以想象的奇迹

顽强不等于顽固，它是因"顽"而"强"。"顽"是一种执著，一种坚定的信念，一种不达目的誓不罢休的决心和勇气，"强"是"顽"的效果表达，是我们生存和发展的必备条件。

只有顽强的人，才会对自己的行为动机和目的有清醒而深刻的认识。只有顽强的人，才能在复杂的情境中，冷静而迅速地作出判断，毫不迟疑地采取坚决的措施和行动。也只有顽强的人，在碰到挫折和失败的时候，会主动调节自己的消极情绪，控制自己的言行，不灰心、不丧气、不焦躁；面对成功和胜利，不骄傲、不自满。

在很多情况下，我们与成功无缘，并不是我们不聪明，而是缺乏顽强的意志。顽强的意志不但能帮助我们走出失败的阴影，更能帮助我们养成良好的习惯，实现人生的目标。顽强的"妙不可言"之处就在于它能激发人的潜能，促使人创造超乎自己想象的业绩。

海伦·凯勒的事迹正说明了这一点。海伦·凯勒看不见东西，听不到声音，但在她的一生中做了许多事情。她的成功给其他人带来了希望。

海伦·凯勒于1880年6月27日出生在美国亚拉巴马州北部的一个小镇上。在一岁半之前，海伦·凯勒和其他孩子一样，她很活泼，很早就会走路和说话了。但在19个月大的时候，她因为一次高烧而导致了失明及失聪。从此，她的世界充满了寂静和黑暗。

从那时起到 7 岁前，海伦只能用手比划进行交流。但是她学会在寂静黑暗的环境中怎样生活。她有着很强的渴望，她自己想做什么，谁也挡不住她。她越来越想和别人交流，用手简单地比划已经不够用了。她的内心深处有一种什么东西要爆发，因为她的举止已难以让人理解。当她母亲管束她时，她会哭叫闹喊。

在海伦 6 岁时，她父亲从波士顿的珀斯盲人研究院请来了一位女老师，名叫安妮·沙利文。海伦·凯勒就是在这位令她终身不忘的老师的指导下，在以后的日子里凭借着自己顽强的毅力，学会了手语，学会了说话，学会了多门外语，并在哈佛大学完成了自己的学业。但海伦认为，这些只不过是她许多成功的开始。

就在自己的老师去世后不久，海伦·凯勒跑遍美国大大小小的城市，周游世界，为残障的人到处奔走，全心全力为那些不幸的人服务，最终成为一位世界知名的残障教育家。

海伦·凯勒终生致力服务于残障人士，并写了很多的书，其中写于 1993 年的散文《假如给我三天光明》是最为著名的一篇。

命运虽然给予了海伦·凯勒许多的不幸，她却并不因此而屈服于命运。她凭借着自己顽强的毅力，奋勇抗争，最终冲破了人生的黑暗与孤寂，赢得了光明和欢笑。美国《时代周刊》评价海伦·凯勒为"人类意志力的伟大偶像"。

海伦·凯勒的成功让我们认识到顽强的意志对于一个残疾人的意义，那么，对于一个四肢健全的人，海伦·凯勒让我们感到汗颜。其实，很多人只比海伦·凯勒少了一种不屈不挠的骨气，一种持之以恒的耐力和一种顽强不屈的意志力。他们也恰恰不明白，人生中永远都是困难重重，只有具有顽强意志的人，才能成功！

进取心是不竭的动力

永不知足是要求自己上进的第一步，是要让自己不满足于停留在现有的位置上。永不知足可以帮助你迈出关键的第一步。

到 NBA 去打球，是每一个美国少年最美好的梦想，他们渴望像乔丹一样飞翔。

当年幼的博格斯说出自己同样的梦想时，同伴们竟然把肚子都笑疼了。博格斯的身高只有 160 厘米，在两米都算矮个儿的 NBA 里，这充其量只是一个侏儒。

但博格斯却没有因为别人的嘲笑而放弃自己的梦想。"我热爱篮球，我决心要打 NBA。"他把所有的空余时间都花在篮球场上。其他人回家了，他仍然在练球，别人都去沐浴夏日的阳光，他却坚持在篮球场上。

他每日都告诫自己：我要到 NBA 去打球。他让自己的血液里都流淌着进取的精神。他深知，像他这样的身高，要到 NBA 去必须得有自己的"绝活"。他努力锻炼自己的长处：像子弹一样迅速，运球不发生失误，比别人更能奔跑。

博格斯是夏洛特黄蜂队中表现最优秀、失误最少的后卫队员，他常常像一只小黄蜂一样满场飞奔。他控球一流，远投精准，在巨人阵中他也敢带球上篮。而且，他是所有 NBA 球员中断球最多的队员。

博格斯是 NBA 中有史以来创纪录的矮子。他把别人眼中的不可能变成了现实。博格斯曾经自豪地说："我的血液中流淌着进取的精神，所以，我能实现我的梦想。"

比尔·盖茨对年轻人说得最多的一句话就是——"永不知足"。他之所以会取得如此大的成功，就是因为他不满足于所取得的成绩，不断进取，始终激励自己向前发展，最后终于实现了自己的理想，到达了他所向往的地位。

新闻界的"拿破仑"——伦敦《泰晤士报》的大老板诺思克利夫

爵士，最初在每月只能拿到 80 元的时候，他对自己的处境非常地不满。后来，《伦敦晚报》和《每日邮报》皆为他所有的时候，他还是感到不满足，直到他得到了伦敦《泰晤士报》之后，他才稍稍觉得有点满足。

就算成了《泰晤士报》的大老板，诺思克利夫爵士还是不肯善罢甘休。他要利用《泰晤士报》揭露官僚政府的腐败，打倒几个内阁，推翻或拥护几个内阁总理（亚斯查尔斯和路易乔治），而且不顾一切地攻击昏迷不醒的政府……由于他的这种大胆的努力，提高了不少国家机关的办事效率，在某种程度上还改革了整个英国的制度。

不管你目前的职位有多高，都不要满足于现状，应该告诉自己："我的职位应在更高处。"

进取心从不允许我们休息，它总是激励我们为了更美好的明天而奋斗。由于人的成长是无限的，所以我们的进取心和愿望也是无法满足的。如果历史地来看，我们目前所到达的高度足以令人羡慕，但是，我们却发现今日所处的位置和昨日的位置一样，无法让我们完全满足，更高的理想和目标不断在向我们召唤。

百年哈佛主张这样的人生哲学：信心和理想乃是人们追求幸福和进步的最强大推动力。

进取心是激发人们抗争命运的力量，是完成崇高使命和创造伟大成就的动力。一个具备了进取心的人，就会像被磁化的指针那样显示出矢志不移的神秘力量。

人生的进步与成功，正是有了进取心和意志力——这种永不停息的自我推动力，才激励着人们向自己的目标前进。对这种激励的需要是我们人生的支柱，为了获得和满足这种需要，我们甚至愿意以放弃舒适和牺牲自我为代价。

向上的力量是每一种生命的本能，这种东西不仅存在于所有的昆虫和动物身上，埋在地里的种子中也存在着这样的力量，正是这种力量刺激着它破土而出，推动它向上生长，向世界展示美丽与芬芳。

这种激励也存在于我们人类的体内，它推动我们去完善自我，去追求完美的人生。

第三节

走不出逆境，
就永远不会有成功

最困难的时候，也是我们离成功不远的时候。

——拿破仑

在卢梭毕业的学校中，
苦难是受益最大的一所

在法国里昂的一次宴会上，人们对一幅是表现古希腊神话还是历史的油画发生了争论。主人眼看争论越来越激烈，就转身找他的一个仆人来解释这幅画。使客人们大为惊讶的是：这仆人的说明是那样清晰明了，那样深具说服力。辩论马上就平息了下来。

"先生，您是从什么学校毕业的？"一位客人对这个仆人很尊敬地问。

"我在很多学校学习过，先生，"这年轻人回答，"但是，我学的时间最长、收益最大的学校是苦难。"

这个年轻人为苦难的课程付出的学费是很有益的。尽管他当时只是一个贫穷低微的仆人，但不久以后他就以其超群的智慧震惊了整个欧洲。

他就是那个时代法国最伟大的天才——法国哲学家和作家卢梭。

凡是天生刚毅的人必定有自强不息的精神。但凡在年轻时遭遇苦难而能做到坚忍不拔的人，在以后的人生道路上多半会走得更豁达、从容。

每个人都有两个简历，一个叫成功，另一个叫失败

1832 年，林肯失业了。这显然使他很伤心，但他下决心要当政治家，当州议员。糟糕的是，他竞选失败了。在一年里遭受两次打击，这对他来说无疑是痛苦的。

接着，林肯着手自己开办企业，可一年不到，这家企业又倒闭了。在以后的 17 年间，他不得不为偿还企业倒闭时所欠的债务而到处奔波，历尽磨难。

随后，林肯再一次决定参加竞选州议员，这次他成功了。他内心萌发了一丝希望，认为自己的生活有了转机："可能我可以成功了！"

1835 年，他订婚了。但离结婚还差几个月的时候，未婚妻不幸去世。这对他精神上的打击实在太大了，他心力交瘁，数月卧床不起。1836 年，他得了神经衰弱症。

1838 年，林肯觉得身体状况良好，于是决定竞选州议会议长，可是他却失败了。1843 年，他又参加竞选美国国会议员，但这次仍然没有成功。

林肯虽然一次次地尝试，但却是一次次地遭受失败：企业倒闭、

情人去世、竞选败北。要是你碰到这一切，你会不会放弃—放弃这些对你来说是重要的事情？

林肯没有放弃，他也没有说："要是失败会怎样？"1846 年，他又一次参加竞选国会议员，最后终于当选了。

两年任期很快过去了，他决定要争取连任。他认为自己作为国会议员表现是出色的，相信选民会继续选举他。但结果很遗憾，他落选了。

因为这次竞选他赔了一大笔钱，林肯申请当本州的土地官员。但州政府把他的申请退了回来，上面指出："作本州的土地官员要求有卓越的才能和超常的智力，你的申请未能满足这些要求。"

接连又是两次失败。在这种情况下你会坚持继续努力吗？你会不会说"我失败了"？

然而，林肯没有服输。1854 年，他竞选参议员，但失败了；两年后他竞选美国副总统提名，结果被对手击败；又过了两年，他再一次竞选参议员，还是失败了。

林肯尝试了 11 次，可只成功了两次，他一直没放弃自己的追求，他一直在做自己生活的主宰。1860 年，他当选为美国总统。

没有什么人会轻易地平步青云，在成功的背后隐匿着许多他人所不了解的辛酸与苦楚，个中滋味也许只有当事人自己清楚。

面对困难，你强它便弱

一个女儿对她的父亲抱怨，说她的生命是如何痛苦、无助，她是多么想要健康地走下去，但是她已失去方向，整个人惶惶然然，只想放弃。她已厌烦了抗拒、挣扎，但是问题似乎一个接着一个，让她毫无招架之力。

父亲二话不说，拉起心爱的女儿，走向厨房。他烧了 3 锅水，当水沸腾之后，他在第一个锅里放进萝卜，第二个锅里放了一颗蛋，第三个锅则放进了咖啡。

女儿望着父亲，不明所以，而父亲只是温柔地握着她的手，示意她不要说话，静静地看着滚烫的水，以炽热的温度煮着锅里的萝卜、蛋和咖啡。一段时间过后，父亲把锅里的萝卜、蛋捞起来各放进碗中，把咖啡过滤后倒进杯子，问："你看到了什么？"

女儿说："萝卜、蛋和咖啡。"

父亲把女儿拉近，要女儿摸摸经过沸水烧煮的萝卜，萝卜已被煮得软烂；他要女儿拿起这颗蛋，敲碎薄硬的蛋壳，她细心地观察着这颗水煮蛋；然后，他要女儿尝尝咖啡，女儿笑起来，喝着咖啡，闻到浓浓的香味。

女儿谦虚而恭敬地问："爸，这是什么意思？"

父亲解释：这3样东西面对相同的环境，也就是滚烫的水，反应却各不相同：原本粗硬、坚实的萝卜，在滚水中却变软了；这个蛋原本非常脆弱，它那薄硬的外壳起初保护了液体似的蛋黄和蛋清，但是经过滚水的沸腾之后，蛋壳内却变硬了；而粉末似的咖啡却非常特别，在滚烫的热水中，它竟然改变了水。

"你呢？我的女儿，你是什么？"父亲慈爱地问虽已长大成人，却一时失去勇气的女儿，"当逆境来到你的门前，你有何反应呢？你是看似坚强的萝卜，痛苦与逆境到来时却变得软弱、失去了力量吗？或者你原本是一颗蛋，有着柔顺易变的心？你是否原是一个有弹性、有潜力的灵魂，但是在经历死亡、分离、困境之后，变得僵硬顽强？也许你的外表看来坚硬如旧，但是你的心灵是不是变得又苦又倔又固执？或者，你就像是咖啡？咖啡将那带来痛苦的沸水改变了，当它的温度高达100摄氏度时，水变成了美味的咖啡，当水沸腾到最高点时，它就越加美味。如果你像咖啡，当逆境到来、一切不如意的时候，你就会变得更好，而且将外在的一切转变得更加令人欢喜。懂吗，我的宝贝女儿？你要让逆境摧折你，还是你主动改变，让身边的一切变得更美好？"

在人生的道路上，谁都会遇到困难和挫折，就看你能不能战胜它。战胜了，你就是英雄，就是生活的强者。

当上帝关上了那扇门，
他还会为你开一扇窗

1967 年夏天，美国跳水运动员乔妮·埃里克森在一次跳水事故中，身负重伤，除脖子之外，全身瘫痪。

乔妮哭了，她躺在病床上辗转反侧。她怎么也摆脱不了那场噩梦，为什么跳板会滑？为什么她会恰好在那时跳下？不论家里人怎样劝慰她、亲戚朋友们如何安慰她，她总认为命运对她实在不公。

出院后，她叫家人把她推到跳水池旁。她注视着那蓝盈盈的水波，仰望那高高的跳台。她，再也不能站立在那洁白的跳板上了，那蓝盈盈的水波再也不会溅起朵朵美丽的水花拥抱她了，她又掩面哭了起来。从此她被迫结束了自己的跳水生涯，离开了那条通向跳水冠军领奖台的路。

她曾经绝望过。但是，她拒绝了死神的召唤，开始冷静思索人生意义和生命的价值。

她借来许多介绍前人如何成才的书籍，一本一本认真地读了起来。她虽然双目健全，但读书也是很艰难的，只能靠嘴衔根小竹片去翻书，劳累、伤痛常常迫使她停下来。休息片刻后，她又坚持读下去。通过大量的阅读，她终于领悟到："我是残了，但许多人残了后，却在另外一条道路上获得了成功，他们有的成了作家，有的创造了盲文，有的创造出美妙的音乐，我为什么不能?"于是，她想到了自己中学时代曾喜欢画画。"我为什么不能在画画上有所成就呢?"这位纤弱的姑娘变得坚强起来了，变得自信起来了。她捡起了中学时代曾经用过的画笔，用嘴衔着，练习画画。

这是一个多么艰辛的过程啊，用嘴画画，她的家人连听也未曾听说过。

他们怕她不成功而伤心，纷纷劝阻她："乔妮，别那么死心眼了，哪有用嘴画画的，我们会养活你的。"可是，他们的话反而激起了她学画的决心，"我怎么能让家人养活我一辈子呢？"她更加刻苦了，常常累得头晕目眩，汗水把双眼弄得咸咸的，而且辣痛，有时委屈的泪水把画纸也弄湿了。为了积累素材，她还常常乘车外出，拜访艺术大师。多年过后，她的辛勤劳动没有白费，她的一幅风景油画在一次画展上展出后，得到了美术界的好评。

不知为什么，乔妮又想到要学文学。她的家人及朋友们又劝她了："乔妮，你绘画已经很不错了，还学什么文学，那会更苦了你自己的。"她是那么倔强、自信，她没有说话，她想起一家刊物曾向她约稿，要她谈谈自己学绘画的经过和感受，她用了很大力气，可稿子还是没有写成，这件事对她刺激太大了，她深感自己写作水平差，必须一步一个脚印地去学习。

这是一条满是荆棘的路，可是她仿佛看到艺术的桂冠在前面熠熠闪光，等待她去摘取。

是的，这是一个很美的梦，乔妮要圆这个梦。终于，这个美丽的梦成了现实。1976年，她的自传《乔妮》出版了，轰动了文坛，她收到了数以万计的热情洋溢的信。两年后，她的《再前进一步》一书又问世了，该书以作者的亲身经历，告诉残疾人，应该怎样战胜病痛、立志成才。后来，这本书被搬上了银幕，影片的主角由她自己扮演，她成了千千万万个青年自强不息、奋斗不止的榜样。

英国一名叫索斯的传教士说："失败不是气馁的来源，而是新鲜的刺激。"

确实如此，上帝不会把所有的门窗同时关死，他总会留下一线希望、一线生机，等待我们去发现。

第六章

脑袋决定口袋，你可以成为亿万富翁

穷人和亿万富翁之间的根本区别就在于：穷人生活在一种贫穷的思维中，而亿万富翁以特有的金钱观念和行为模式，通过不懈的努力，让金钱为他们带来更多的金钱。

每个人都有可能成为亿万富翁，在机遇面前人人都有机会。学会像亿万富翁一样思考和行动，掌握亿万富翁的财富理念、理财技巧、赚钱之道，你也可以成为亿万富翁。

第一节

你为什么不是亿万富翁

> 宿命论是那些缺乏意志力的弱者的借口。
>
> ——罗曼·罗兰

你为什么不是亿万富翁

曾经有人这样说过："在这个世界上，只有两种人，一种是穷人，一种是富人。"仔细想想，这句话其实说得很有道理。在现实生活中，无论男女老幼，无论是警察、医生、记者、律师、工程师、石匠、木匠……总是逃不开这两种人的范畴，你要么是富人，要么就只能归类于穷人，别无选择。

富人们过着富裕的生活，他们可能高贵、优雅、养尊处优、地位尊贵、一言九鼎；穷人们过着贫苦的生活，他们生活拮据，整天为生活奔忙，有时还要受富人的支配。古往今来，人类群体一直维持着这样的生存状态，没有多大改变。穷人们都想过上富人的生活，但我们看到，普遍情况却是穷人奋斗一辈子还是穷人，这是为什么呢？我们不禁要问这样一个问题："你为什么不是亿万富翁？"

日本三洋电机的创始人井植岁男，有着成功的事业和辉煌的人生。

有一天，他家的园艺师傅对他说："社长先生，我看您的事业越做越大，而我却像树上的蝉，一生都趴在树干上，太没出息了。您教我一点创业的秘诀吧。"

井植岁男点点头说："行！我看你比较适合园艺工作。这样吧，在我工厂旁有2万平方米空地，我们合作来种树苗吧！1棵树苗多少钱能买到呢？"

"40日元。"

井植岁男又说："好！扣除走道，以1平方米种两棵计算，2万平方米大约种2.5万棵，树苗的成本是大概100万日元。3年后，1棵树可卖多少钱呢？"

"大约300日元。"

"100万日元的树苗成本与肥料费由我支付，以后3年，你负责除草和施肥工作。3年后，我们就可以收入600多万日元的利润。到时候我们每人一半。"

听到这里，园艺师傅却慌忙拒绝说："啊？我可不敢做那么大的生意！"

最后，他还是在井植岁男家中栽种树苗，按月领取工资，始终没有脱离穷人的行列……

看，园艺师傅的思维就是典型的穷人思维。他也想致富，但一听说要涉及那么多钱，他就考虑到风险，考虑到未来的辛苦，考虑到自己将遇到的困难，考虑到……他就放弃了行动，最后以一句"我可不敢做那么大的生意"来终结自己的致富梦，继续过按月取工资的生活。

面对这种情况，我们只能说：你怎么成为亿万富翁呢？

穷人的人生态度就是：因为大家都是穷人，所以我也就是穷人；因为环境让我受穷，我也没办法不穷；因为我自己的力量太小，所以我没有能力改变。

穷人面对自己的处境，从来不问问自己：我想了吗？我做了吗？

我竭尽全力了吗？很多事情的成功，都不是一蹴而就的，需要一个人努力努力再努力、坚持坚持再坚持，才可以实现。但是，穷人没有耐心，他们可以将就，可以凑合。

穷人都有共同的特点，能习惯一切，也能适应一切。他们只知道做事情，不琢磨自己所做的事情对自己到底有什么样的意义，自己这样做下去会有什么样的结果，或者什么也不想，什么也不去做，只是随着生活的习惯前行，走到哪步算哪步。有很多穷人知道自己的生活苦，但不知道为什么苦。他们的日子今年这样，明年还这样，一辈子还这样，他们会躺在铺满稻草的冷床上发牢骚，咒骂该死的生活，但就是不想换个活法。

他们之中游手好闲者有之，不学无术者有之，破罐破摔者有之，空有皮囊者有之。没有机会不去创造机会，有机会也抓不住机会，却整天抱怨这抱怨那。无论在家里，还是在社会上，总有那么多穷人庸庸碌碌，虚度光阴，整日地没有什么正当事情。贫困的生活，不仅造成他们的身体营养不良，也使他们的灵魂、意志和思想更加贫穷。

……

这就是穷人，一群生活在社会底层的整日为生计奔忙的人。

穷人为什么受穷？有些人曾总结出以下 4 个方面的原因。

第一，穷人没有强烈的求富欲和坚强的行动力。

他们缺乏自信或缺少兴趣地说："我永远也不会变富。""钱并不重要，它不代表全部。"

第二，穷人的财务观念落后。

信息时代的到来，使财富的形式从农耕时代的土地和工业时代的不动产变成今天的知识、信息、网络，财富让观念陈旧的人看不到它的影子，更不用说利用新的观念去致富了。

第三，穷人追求职业保障而非财务保障。

例如看到别人下海致富了，一些人边看边说："我很满意我的位置。"另一些人说："我对我的位置不满意，但是我现在不想改变或者移动。"他们固执地认为目前的职务可以给他带来生活保障，下海有巨大风险，为自己工作不如为别人或政府工作安全。

第四，穷人不懂建立自己的财务系统的好处。

富人让资产为他们工作，他们懂得控制支出，致力于获得或积累资产；他们因开展业务而支付的必要花费应该从收入中扣除。但是，他们研究各项开支后得出结论：只要时机允许，就将需要纳税的个人支出，用于无需上税的公司业务支出。他们让业务中免税的情况达到最大限度。

我们不能说上述原因总结得不好，但也许可以更简洁。"你为什么不是亿万富翁？"原因只有两个：一是思维贫穷；二是不思行动。因为思维的贫穷才使得穷人不思改变，或者改变无方，永远在贫困中自娱自乐；因为不思行动，所以才眼高手低，得过且过。

只有找到问题的根源，才能谈得上改变。

穷人的 3 种错误心态

穷人的穷首先就穷在思维上，正是因为穷人死守着穷思维，所以穷人才不思改变，得过且过，甚至还优哉游哉。

穷人的穷思维反映在他们的心态上，总结起来，可以发现穷人有3 种很普遍的错误心态。

第一，过分相信机遇和命运。

穷人相信自己的穷是因为机遇和命运对自己不公平。"天生是穷人的命！"他们会这样感叹，"如果我有那样的好机遇，我也可以有钱，我会比 ××× 做得更好！"穷人经常这样对别人说，以达到心理平衡。

一个人 30 岁以前，大多数是不会相信命运的。他们用最大的勇气去面对生活，用最坚决的行动去追求财富，也用他们最刻薄的话语去嘲笑那些讨厌的相士和预言家们。如果有人要跟他们谈论命运，他们也会笑而不答，不把这些预言放在眼里！

但一过了 30 岁，他们的观念就变了，很多人渐渐相信起命运来。经历了挫折和失败以后他们认为人间真有一个主宰，在冥冥之中掌握着人们的命运，使他们顺利，也使他们失败；使他们欢乐，也使他们悲哀；使他们飞黄腾达，也使他们一败涂地！这个在冥冥之中的主宰，照一般的说法，就是命运！

命是与生俱来的，也就是我们中国人所说的"生辰八字"，也就是以一个人诞生时的年、月、日、时来推断他们一生的衣食财产，等等。如果是"命"好的，一定会富贵；如果是"命"不好的，努力挣扎也是枉然。

其次是"相"，"相"就包括了面相和手相两方面。据说，尖嘴猴腮的人，一定是个狡猾的家伙，圆头阔面、眉脸端正的人一定会发达。至于手相，就是看手掌，在一个人的手掌上大多有理智线、情感线和生命线，这是三条主线，此外还有什么事业线、婚姻线，等等。如果这些线长得好的人，一定会获得成功；长得不好的人，一定会招致失败！至于"运"，这便是某个时候的气色和机缘，有命无运不能发迹，有运无命也是枉然！所以，命与运要配合，如果不配合，人的一生便不会发达成功！

这些玄之又玄的东西，很多时候，穷人们百分之百地相信了！

大多数的穷人认为自己之所以受穷、之所以不得志，是因为缺少机会、缺少运气。如果有了机会，他也会飞黄腾达，也会成为一个真正的富人。所以，穷人把运气和机会看得相当重要，认为运气和机会是决定他一生的东西。没有机会和运气，无论怎么努力也是于事无补的。所以，穷人就坐等机会和运气的到来。其实，机会和运气对每个人来说都是平等的，抱怨自己时运不佳只不过是为自己的贫穷寻找的借口而已。要知道机会和运气产生于一个人的勤奋和努力之中。

穷人做一件事情如果失败了，总会把结果归结于命运不好、运气太背，认为如果自己的运气更好一点，结果绝对不是这个样子的。正是因为对运气过分地看重，从不在自己身上找原因，所以只有一个结果，那就是穷人永远受命运的愚弄。

富人则是另一种心态，他们并不怎么相信机会和运气。他不相信天上会掉馅饼，也不会等待有人把免费的午餐送到自己嘴边。他认为，一切只有通过自己的勤奋和努力，通过自己的手脚去做，才会有所改变。

富人不知道抱怨，也不会去抱怨。他相信要想改变自己的境遇，只有靠自己的双手。他们很清楚，社会不会同情弱者。社会上的人也仅仅因为你是弱者，给你有限的同情，对你命运的改变不会有太大的作用。一个人靠别人的同情是难有作为的。

富人不会坐等机会和运气。如果没有机会，他们会精心地处理好自己的每一天，把握好自己生活中的每一个细节，因为他们知道机会可能就来自细节之中。这样，他们就已经为自己的事业打下很坚实的基础。

穷人不像富人，穷人的思维被禁锢在命运和"没机会"这个冰窖里了，很难冲出去，也就看不到光明。

第二，穷人总想发横财。

穷人总认为那些能够"指点江山，激扬文字"的人才是富人。殊不知，那是伟人的手笔，平常的人和伟人还是有差距的。穷人认为只有一次挣几亿、几十亿那才是真正的赚钱，"一夜暴富"成为他们的梦想。

近年来，网络、邮箱、街头小广告等铺天盖地都在宣传一些一本万利、一夜暴富的故事，而且悄然蔓延，愈演愈烈。别看字数不多，措辞却极富诱惑性，个个忽悠得神乎其神，"轻轻松松月赚数万"，"投资几百元，获得数万元"、"财富飙升之道"，"让你爆发 100 倍的生命潜能——白手起家成百万富翁"，还有各类手机短信："恭喜您的手机号码在某某公司摇奖中彩，喜获奖金 9.8 万元……"好像不费吹灰之力，人人都能成百万富翁、千万富翁，如果真的这样，这个地球早就没有穷人啦！如果真的这样，这些提供金点子的家伙岂不个个都是超级富翁？

还有那些夸张的"一夜暴富"、"一本万利"的买卖，轻则让你倾家荡产，重则可能带来牢狱之灾！投机取巧的事做不得，我们更不要考虑，不要染指，也不要被诱惑，那种不义之财的"暴富"可是最大的陷阱。

还有一种抱有极大侥幸心理的"一夜暴富"、"一本万利"——中彩票。通过对北京、上海与广州 3 个城市居民调查的结果显示，有50%的居民买过彩票，其中 5%的居民成为"职业彩民"。"以小搏大"的发财梦，是不少彩票购买者的共同心态，实际上，只有极少数人能中奖。我们应该怀有一颗平常心，既不能把它作为纯粹的投资，也不应把它当成纯粹的赌博行为。

曾经有一个故事，恰当地描述了穷人渴望发横财的心理。

有个地方住着一对贫穷的夫妇，他们拥有很小的一块田地，每年依靠田中的收成勉强过活。幸好他们还养着一只母鸡，每天可以得到一个鸡蛋。

突然有一天，这只鸡生下了一个金蛋。农夫把金蛋拿到市场上去卖，结果得到了很大的一笔钱。

农夫回到家里，直盯着生金蛋的鸡看，心想以后再也不用辛勤地耕种了，需要什么东西，直接去买就行了。

靠着一天一个金蛋，夫妇俩很快发了大财，买下了肥沃的田地，又盖起了漂亮的大房子，请了许多仆人，日子过得舒服极了。

但是他们非常贪心，对这一切并不满足。有一天躺在床上，妻子说："既然母鸡每天可以下一个金蛋，那它的肚子里一定有很多很多的金蛋，说不定就是一个小金库……"

丈夫兴奋地对她说："对，我们干脆把鸡杀了，从肚子里把所有的金蛋都拿出来！"

于是他迅速地拿来了一把刀，把那只下金蛋的鸡杀了。但是剖开之后，他发现这只鸡和普通的鸡并没有什么两样，哪里有什么金蛋啊？

这就是典型的穷人思维，他们不想细水长流，慢慢积累财富。他们渴望一夜暴富，发生突变，一蹴而就，结果，拔苗助长的人不但没有得到粮食，反而亏损了所有的禾苗。

穷人总是把发大财想象成波澜壮阔，事事都是大手笔。穷人都想挣大钱，却不知大钱是由小钱构成的，大事也得一步一步去做。穷人做小事很多时候都是迫于无奈，一边做，一边牢骚满腹。他们把做不成大事归结为穷的制约，以为一旦有了钱，就可以随心所欲，大展宏图。其实大事并不是他想象的那么简单，没有做小事的锻炼和积累，就算有人出钱让你去做大事，你也未必做得下来。

穷人想挣大钱，恨不得一刀就宰1万元，可是你有这样的刀技么？何况市场已经进入微利时代，就凭你的一把钝刀，怎么可能暴得大利！结果往往是还没等到自己发展起来，就已经将财神扼杀在摇篮中了。

第三，穷人没钱也觉得快乐。

穷人没钱，但穷人却觉得很快乐。这是一个很奇怪的现象。是穷人天生乐观，都是豪放的人吗？显然不是，很多穷人都是穷得麻木了，被一种穷思维禁锢了，触目所见，大家都是穷人，便没有想改变的欲望。

日常生活中金钱在对话中是个热门的话题，但一经提及却又很少会有什么好话。在你成长的过程中常会听到、碰到各式各样关于钱的资讯。你的双亲是"知道"每一件事情的"大"人物，当其他人提及与钱相关的类似事情时，你的父母亲或朋友便会报以了解的微笑、点头，而你也听见并经历过这些。因为你不断地听到这些消极的资讯（或观点狭隘的说法），这些便会穿过你的过滤器，被你吸收，并存在你的脑子里。其他类似的消极的观点便会因为规模已建立好、路已铺设妥当的缘故，如洪水般地泛滥而入。你的心灵过滤掉了任何"不像你"的东西，并且在这种只要是关于金钱的错误观念都被储存起来的情况下，任何时候只要你有机会赚钱，或赢得一些东西时，你的脑子便会这么运作："我从来不曾赢得什么……你得为了钱努力工作……要赚钱就要先掏钱……有钱人都不快乐的。"

你大概听过，也大概用过这样的说法，"没钱，但很快乐"，"没钱，但很诚实"，"可怜虫"或者"丑恶的有钱人"，你每天都在接受这种消极资讯，这些都促成现在你对金钱的态度与观念。

中国自古就有"安贫乐道"、"重义舍利"的传统，对钱不屑一顾、耻于言利，古人一直崇尚的是"视金玉如粪土，睹华堂如牢狱"，"君子喻于义，小人喻于利"，认为君子与小人的区别就在于对金钱的态度上：君子视金钱如粪土，小人追逐财货之利。于是中国仁人志士当中，产生了许多藐视富贵、安贫乐道的杰出人物。如陶渊明宁愿躬耕田野，也绝不为五斗米折腰。因此，在这些志士仁人的心中，金钱似乎成了堕落的象征。

这种对"安贫乐道"的极端推崇，就埋下了某种歧视金钱和追求财富行为的隐患，甚至成为无意识中某种对财富嫉恨的理由。对金钱最深恶痛绝的当推王衍了。《世说新语》里记载：晋朝有个王衍，品行清高，从不肯谈"钱"字，认为说一声"钱"字，就会玷污了自己的高洁品行。他妻子却又有着一颗不老的童心，逆反心理极重，你越是不想说，我就想办法偏要你说。于是想了好多办法想从他口中听到一个"钱"字，种种馊招却无一成功。直到有一天偶得妙计，晚上王衍睡觉的时候，妻子叫侍女把一大堆铜钱绕着床高高堆起，挡着王衍，让他下不了床。王衍半夜起来要上厕所，起身一看，四周都是钱，使他无法下床。于是大声叫来侍女，侍女过来后，他说出了一句比较经典的语言："举却阿堵物。"意思就是：把这个挡路的东西给老子拿开。"阿堵物"从此不胫而走，成了钱的代称，流传至今。

王衍这个例子，证明世上真有恨钱的人，恨钱恨到了什么地步呢？恨到了身不触钱、口不言钱的地步。到了他这种地步，恨钱就不足为奇了。而像王衍这样清高的所谓"名士"，后代不绝如缕，并成了高雅文人士大夫的一种美德。对于他们，穷困恰恰成了自己道德操守高洁的象征，他们欣赏穷、赞美穷，尽管内心有出于无奈的成分，但表现出的却是对富有、钱财的仇视。

可是一般的百姓却没有这样的高洁心灵，他们更关注油盐酱醋，但是"安贫乐道"这个封建社会统治阶级灌输给穷人的穷思维却一直在大多数人心目中长期驻守。于是，快乐的穷人们也到处都是。

穷人的 8 种错误行为

穷人贫穷的思维模式决定了穷人的行为模式，他们的行为很极端、保守、盲目，而工作起来又一味瞎忙，根本就不注重效率。穷人的错误行为模式又从另一个层面上决定了他们注定贫穷。

总结起来，穷人的错误行为模式可以分为 8 种。

第一种：轻信盲从，爱中圈套。

穷人往往都很好"骗"，他们也很轻信，认为其中有利可图，结果往往受骗上当，悔之晚矣。

穷人由于贫穷，对财富的渴望比较强烈，有时对飞来横财想入非非。在报纸上经常能看到有些街头骗子用"飞牌"、"易拉罐"、"祖传古董"行骗的新闻，而那些上当的多半是穷人。穷人"穷"怕了，又没有致富的门道，街头骗子正是看中了穷人的这种心态。富人们大多久经沙场，早就炼出火眼金睛，街头骗子的那些下三滥骗术自然奈何不了他们。

蛋生鸡、鸡生蛋……穷人们还喜欢纠缠于这样的寓言。有的穷人做小生意赚了，便想着把所有的本钱投进去做更大的生意；有的穷人初进股市，一不小心捡了芝麻，便向亲朋好友借来资金投进股市，想着抱个大西瓜……他们幻想着几个回合下来，赚他个盆满钵满。可是现实呢？天下偶尔会掉下来馅饼，但掉下的馅饼不会总砸在一个人身上。

人是有欲望的，正因为有欲望，才能培养出上进心，然后一步步地努力前进。说人类的历史就是一部欲望的历史，并不为过。

但是，欲望超过限度便是贪婪。穷人的贪婪并不比富人差，甚至要强烈得多，一旦遇到捞钱的机会便会不择手段，尽全力而为之。然而，被贪婪所充斥的大脑又难以辨别方向，于是往往像鱼儿一般上钩。正应了席勒的一句话："贪者终至一无所得。"

凭自己的劳动赚取财富，才能得到社会的认同。欲望能使人产生上进心，不断努力进取。经过努力所得到的财富是可贵的，而不择手段获得的财富，只会使人性堕落。

穷人原始积累本来就难，被"贪"打倒一次，可能一生再也翻不过身来。

第二种：害怕创业，依靠单位。

大多数对建立财富有相同思维的人，就是希望找一份工作，认为那是建立财富的一种显而易见的方式。如果打工者想获取更多的财富，他们会寻求晋升，或者找另一份薪水更高的工作，或者加班，或者找第二甚至第三份工作。

他们也许改变了工作，但是他们没有改变思维，正是由于他们的思维方式并没有改变，所以许多人虽然更加努力地工作，却没有获得财务自由。因为他们是给老板和公司创造财富，而不是给自己创造财富。要知道，通过打工者的努力，创造财富的是老板而不是打工者。

联合国的一个调查发现，现在美国人的工作时间比任何其他工业国家更长，包括被称为工作狂的日本人！

不幸的是，对于打工者而言，延长工作时间不等于创造更多的财富。《今日美国》的一份调查报告显示，半数美国工人的银行存款不足 2500 美元。当工人们被问及他们失去工作后多久会没有钱支付账单时，54% 的工人的回答是："3 个月或更短。"

如果你想通过更努力地工作创造财富，那你就找错地方了！打工没有错，许多人都需要打工，富人在刚开始时也需要打工，但那是他们创业前的一种过渡，而不是长久的选择。无论是谁，都不能仅仅依靠打工的薪水来使自己获得财务自由！

有一句古老的格言说："工作的意义就是比破产强一些。"大部分人都按照他们的方式生活，这个方式就是干活挣钱，支付费用，所剩无几。

还有一种可怕的管理理论这样说："工人付出最高限度的努力工作以避免被解雇，而雇主提供最低限度的工资以防止工人辞职。"

好比农业时代的地主和佃农。佃农没有土地，替别人耕种，得到很少，永远都是穷人，因为你不是土地的主人。拥有自己土地，播种、收获，你才能致富。

打工者也是如此。在工业时代和信息时代，打工者不是企业的拥有者，没有机器、设备、厂房、自然资源，只是为企业主去工作，而自己却无法致富。

在中国历来有平均主义传统，"不患寡，患不均"，习惯了在大锅里舀饭，谁碗里多了一勺，群众的眼睛都是雪亮的。

靠工资吃饭的人，要想靠在单位里和别人拉开档次来提高收入是不现实的。据专家研究，现在一般企业基本工资最高与最低标准相比，相差仅为 3 倍左右；机关单位最高工资仅是最低工资的 4.28 倍（不含工龄工资）；事业单位基本工资最高与最低标准相比只有 2.81 倍（不含工龄工资）。

比起国外大企业的 CEO 动辄就高达数亿美元的年收入，中国任何一个企业管理者的收入都是小儿科，年薪上亿美元，这在中国是想都不敢想的事。在西方，CEO 们被戏称为"文明世界的掠夺者"。在美国，管理者和一般工人的收入差别可以达到上千万倍，而在中国，无论你怎么奋斗，如果靠工资，只能是比同事略高一筹。

如果单位是个好单位，这种比同事略高的收入也算不错了。如果单位不景气，这种"略好"就只够活命。最好的单位是那种具有垄断权的单位，既不担心下岗，又不担心过劳，日子一到就只管上财务室领钱，逢年过节还可以拿个红包。

但也仅限于此而已，你的一切都将被拴在你的单位里，你的一切聪明才智都将在别人的土地上随时间的消逝而荒废，就此而碌碌一生。

第三种：混在穷人圈，不愿交富朋友。

每个人都有一个生活环境，环境和命运息息相关。

穷人喜欢生活在穷人中间，久而久之，心态成了穷人的心态，思维成了穷人的思维，做出来的事也就是穷人的模式。穷人身边都是穷人，每天谈论着打折商品，交流着节约技巧，虽然有利于训练生存能力，但穷人的眼界也就渐渐囿于这样的琐事，而将雄心壮志消磨掉了。

穷人羡慕富人，但又对富人有种天然的抵触，他们在谈论富人时就难免用一种讥讽的语气，并且在内心藏起一把手术刀，随时准备着解剖富人的丑陋，以便让自己的优秀凸现出来。生活在穷人中间，很难对富人有一种理性的认识，更难用平和的心态去向富人们学习。

穷人也有自己的智慧，但那更多是在生存的层面上。一个生活在穷人堆中的穷人，要想跃上富人的台阶，必须先和自己这个阶层说拜拜。

但穷人不愿意，同富人交朋友需要一定的自信、需要一些技巧，甚至有些时候还需要降低一些自尊，摆脱虚荣心的干扰，低声下气地去向富人请教。所以穷人不愿意。有时穷人想通了、愿意了，却没有门路去和富人交往，那就另当别论了。没有门路可以去创造门路，但如果你的心态没有改变过来，依旧抱着不愿意，那就只能永远做穷人了。

第四种：坐等运气降临。

在英国，有这样一则寓言：

伊塔几天一直坐在他的地边而不挖已经成熟的土豆，他的邻居安第问他为什么不干活，伊塔说："我不用受累，我的运气好极了。有一次我正要砍几棵大树，忽然一阵飓风把大树刮断了。又有一次我正要焚烧地里的杂草，一个闪电把它们全烧光了。"

"噢，你的运气真不错，那你现在在干什么呢？"安第问。伊塔回答说："我在等地震把我的土豆从土里面翻出来。"

这个故事和中国的"守株待兔"有异曲同工之妙。可想而知，那些成熟的土豆直到烂掉了也不会被地震翻出土来。

李彦从念大学的时候起，就一直想当电视节目主持人。

她觉得自己具有这方面的才干，因为每当李彦和别人相处时，即便是陌生人也都愿意亲近她并和她长谈。

她知道怎样从人家嘴里"掏出心里话"。她的朋友们称她是他们"亲密的随身精神医生"。

李彦自己常说："只要有人愿给我一次上电视的机会，我相信我一定能成功。"

但是，她为达到这个理想而做了些什么呢？什么也没做！

李彦在等待奇迹出现，希望一下子就当上电视节目的主持人。这种奇迹当然永远也不会到来。因为在她等奇迹到来的时候，奇迹正与她擦肩而过。

坐着等待是穷人的通病，他们从不肯自己去行动、去追求。

人们创业创富和成功，当然需要一些运气，但运气不是创富的唯一和首要条件。

许多白手起家的百万富翁肯定会告诉你，财富的增加需要冒经济风险、努力工作、有教养、要执著等条件和因素。然而，还有约 1/8 的百万富翁相信，运气是解释他们在经济上成功的非常重要的因素。在高净资产与百万富翁所谓的运气之间存在着某种很有趣的关系。

只有约 9% 高收入的非百万富翁和约 9% 拥有 100 万美元到 200 万美元净资产的百万富翁相信，运气可以解释经济上的成功。在千万富翁之中，有 1/5 以上的人相信，运气对于解释他们在经济上的成功是非常重要的，有 2/5 的人觉得运气是重要的。

如果运气是成为百万富翁的关键，那么我们就应该去赌博。然而，这些百万富翁所说的运气并不是赌场的老主顾和抽奖爱好者的运气。百万富翁并不是赌博业中最好的顾客——只有 1/4 的百万富翁在过去的 12 个月中进过赌场，而且在这些人中，有一部分是由于他们所参加的商业展示或专业会议是在赌场的旅馆或附近举办的。

因此，百万富翁们大都是根据自己的定义，认为一种不同类型的运气在解释经济收益中具有某种作用。那些坚信运气作用的人觉得："你越是努力工作，就越有运气！"

第五种：容易走极端。

在穷人身上很容易看到两种极端，一种是极其粗暴，一种是极其懦弱。

因为穷人在极其艰难的生活状态下，其成长的过程中充满着不平，充满着各种冲撞，各种头破血流，他要么退避，要么以更强硬的姿态对抗。一旦选择了，就成为定式，不断固化，以至成为性格特征。

在粗暴家庭中长大的孩子，很难真正有分寸地待人。要么逆来顺受，以求少受皮肉之苦，以尊严换和平；要么就更加粗暴地待人，以毒攻毒，以暴抗暴，靠强硬获得地位。穷人的状况也往往如此。

以牙还牙，以血还血，绝不妥协，绝不宽容。铁血的主张在穷人中向来就有很高的支持率。

所有的繁文缛节都产生于富人之中，无论是精神贵族还是物质上的富人。穷人没有那么多讲究，既没有必要，也没有条件。

穷人不知道变通是什么，所以他们总是容易吃亏，而且太极端，就会导致他们往往不能控制自己的命运，越发的贫穷下去。

小王是刚从学校毕业的大学生，他很有才华，深得单位领导的赏识，领导决定培养他以后做部门经理。小王也将这一切看在眼里，决心好好工作。

企业其实就像一个小社会，不会一切都很顺利顺心，很快小王就对公司中的一些问题产生了不满，他开始对别人发脾气，在工作中闹情绪。最初，老板考虑到他刚刚毕业，又欣赏他的才华，就几次三番开导他。然而，在一次老板布置给他一个稍微有点难的任务时，他却忽然去老板那里递交辞职信。于是老板也没有办法，只好放弃了他。

本来小王在公司里会有一个很好的前程，但由于他太情绪化，做事太极端，最终只能自毁前程，加入失业大军行列。

第六种：把工作当做差事来应付。

在现实的工作中，有很多穷人只知道报怨公司，却不反省自己的工作态度，似乎根本不知道被公司重用是建立在认真完成工作的基础上的。他们整天应付工作，并发出这样的言论："何必那么认真呢？""说得过去就可以了。""现在的工作只是个跳板，那么认真干什么？"结果，他们失去了工作的动力，不能全身心地投入工作，更不能在工作中取得斐然成绩。最终，聪明反被聪明误，失去了本应属于自己的升迁和加薪机会。

迈克在一家贸易公司工作了1年，由于不满意自己的工作，他愤愤地对朋友说："我在公司里的工资是最低的，并且老板也不把我放在眼里，如果再这样下去，有一天我就要跟他拍桌子，然后辞职不干。"

"你对那家贸易公司的业务都清楚吗？对于做国际贸易的窍门完全弄懂了吗？"他的朋友问道。

"没有！"

"君子报仇，十年不晚！我建议你先静下来，认认真真地对待工作，好好地把他们的一切贸易技巧、商业文书和公司组织完全搞通，甚至包括如何书写合同等具体事务都弄懂了之后，再一走了之。这样做岂不是既出了气，又有许多收获吗？"

迈克听从了朋友的建议，一改往日的散漫，开始认认真真地工作起来，甚至下班之后，还留在办公室研究商业文书的写法。

一年之后，那位朋友偶然遇到他。

"你现在大概都学会了，可以拍桌子不干了吧？"

"可是我发现近半年来，老板对我刮目相看，最近更是委以重任了，又升职、又加薪。说实话，现在我已经成为公司的红人了！"

"这是我早就料到的！"他的朋友笑着说："当初你的老板不重视你，是因为你工作不认真，又不努力学习；而后你痛下苦功，担当的任务多了，能力也加强了，当然会令他对你刮目相看。"

很多穷人都像故事中的迈克一样，把工作当做差事来应付，不顺心了就想到要跳槽。他们从来都不知道，只有努力工作，业绩才会优秀。把工作当做差事来应付，这也是一种典型的穷人思维导致的穷人行为。

第七种：投资太冲动。

曾经有人对投资人做过这样的分析，一个能够制胜的合格的投资人必须要具有以下几个方面的素质。

(1) 理性。投资人要有理性，要有对市场及投资活动的客观态度。投资人的投资活动应受理智，而不是个人愿望和感情控制。缺乏理智的人，过分感情化和情绪化的人往往难以在投资中获得成功。

(2) 自信心。自信心使投资人按照自己既定的交易战略和自己的思考进行交易，而不是轻易地被表面现象、小道消息所迷惑。缺乏自信心的投资人往往盲目跟风，按照别人而不是自己的判断进行交易。在投资造成的所有损失中，最严重的莫过于丧失对自己能力的信心。

（3）耐心。投资决策是否正确需要时间来证实，投资人不可急于求成，不能急功近利。市场波动具有一定的时间性，对市场趋势的判断是否正确也需要经过一段时间的观察，市场信号是否可靠也要时间来证实。因此，对投资人而言，耐心是一种必不可少的素质。耐心与捕捉时机、果断决策并不矛盾。在经过观察和分析确认某一市场信号的可靠性和某一投资决策的正确性之后，投资人应果断地采取行动，捕捉获利的可能性并将其转化为现实。

（4）严谨作风。严谨的作风使投资人的投资活动有条不紊。严谨的作风可以使投资人避免犯一些不该犯的错误，如发生错误指令、忘记某些重要事项等。在存在巨大风险的市场上，一个操作失误可能造成致命的损失。因此，严肃认真的工作态度、严谨的工作作风是投资人必备的基本特点。

（5）自制力。缺乏自制力的投资人在投资活动中往往表现出焦虑、紧张与冲动，从而在市场压力与利润的诱惑下做出不符合投资战略的决策。缺乏自制力的投资人往往会违背投资计划进行交易，并出现过度交易等危险行为。

穷人在投资时往往不具有以上几个方面的素质，他们通过道听途说的信息得知哪项投资能赚钱，往往不去实地考察，轻易就将钱财投入其中，结果往往和他们梦想的大相径庭，损失钱财。

投资太冲动，这也是穷人的通病。

第八种：不重视时间。

时间和金钱是两种可以相互转化的资源，钱和时间成反比。从一个地方到另一个地方，要节约钱只能选择公共汽车甚至走路，要节约时间就必须付数倍于公共汽车票价的钱去打的。一个享受充裕时间的人不可能挣大钱，一个腰缠万贯的人也不会视时间如粪土，要拥有更多的钱必须牺牲相应的闲暇时间，要想悠闲轻松就会失去更多挣钱的机会。

只有穷人的时间是不值钱的，有时甚至是多余，不知道怎么打发，怎么混起来才不烦。

穷人并不感觉时间就是金钱，因为并没有一份百万美元的合同在等着他签，也没有什么重要的生意，慢了一秒就会被别人抢去，钱和时间并不直接相等。如果遇上塞车，他抱怨，也无非是因为等得太久，影响了心情而已。

只有能带来新的价值的价值才是资本，而价值的高低是与稀缺程度有关的，对穷人来说，稀缺的是钱，而不是时间！

一个人无论以何种方式挣钱，也无论钱挣得多少，都必须经过时间的积淀。如果你可以因为买一斤白菜多花了一毛钱而气恼不已，却不为虚度一天而心痛，这就是典型的穷人思维。你可能还会举例子来为自己开脱："你看，那些富人都是一边玩一边就把生意做了，只有穷人才忙忙碌碌的。"

可是你记着，富人的玩也是一种工作方式，是有目的的，这和百无聊赖混时间完全是两种状态。富人的闲是闲在身体，修身养性，以利再战，他的脑袋一刻也没有闲着；穷人的闲却是闲在思想，实际上他手脚都在忙，忙着去麻将桌上多摸几把。

如果你总是感觉时间太多，那一定就有问题！

穷人从不重视时间，他们总认为时间有的是，拖拖拉拉、懒懒散散，最终只能一事无成。有一个故事很好地说明了穷人不重视时间的现象。

一个危重病人迎来了他生命中的最后1分钟，死神如期来到了他的身边。他对死神说："再给我1分钟好吗？"死神回答："你要1分钟干什么？"他说："我想利用这1分钟看一看天，看一看地。我想利用这一分钟想一想我的朋友和我的亲人。如果运气好的话，我还可以看到1朵绽开的花。"

死神说："你的想法不错，但我不能答应。这一切都留了足够的时间让你去欣赏，你却没有像现在这样去珍惜，你看一下这份账单：

在 60 年的生命中，你有 1/3 的时间在睡觉；剩下的 30 多年里你经常拖延时间；曾经感叹时间太慢的次数达到了 1 万次，平均每天一次。上学时，你拖延完成家庭作业；成人后，你抽烟、喝酒、看电视，虚掷光阴。

"你的时间明细账罗列如下：做事拖延的时间从青年到老年共耗去了 3.65 万个小时，折合 1520 天；做事有头无尾、马马虎虎，使事情不断地要重做，浪费了大约 300 天；因为无所事事，你经常发呆；你经常埋怨、责怪别人，找借口、找理由、推卸责任；你利用工作时间和同事侃大山，把工作丢到了一旁毫无顾忌；工作时间呼呼大睡，你还和无聊的人煲电话粥；你参加了无数次无所用心、懒散昏睡的会议，这使你的睡眠远远超出了 20 年；你也组织了许多类似的无聊会议，使更多的人和你一样睡眠超标；还有……"

说到这里，这个危重病人就断了气。死神叹了口气说："如果你活着的时候能节约 1 分钟的话，你就能听完我给你记下的账单了。哎，真可惜，世人怎么都是这样，还等不到我动手就后悔死了。"

如果按照一个人 80 岁的寿命来计算，婴幼儿到上学期平均占 1 ~ 20 岁，退休养老期 60 ~ 80 岁，那么只有 20 ~ 60 岁 40 年的黄金时间。而在这 40 年当中，吃饭睡觉至少又占去 1/3 的时间，日常交际、旅游休闲、生病等又占去了 1/3 的时间，还不包括你偷懒、赖皮、玩游戏等沉迷消磨的时间……粗粗一算，一个人一生当中，真正被恰当利用的有效时间不会超过 15 年。

那个危重病人也许至死都没有明白，他的一生浪费了多少时间。他也许还不知道，穷人就是这样，从不重视时间，致使岁月从手边轻轻溜走。

凡是在事业上有所成就的人，都是惜时如金的人。无论是老板还是打工族，一个做事有计划的人总是能判断自己面对的顾客在生意上的价值，如果有很多不必要的废话，他们都会想出一个收场的办法。

　　亿万富翁最可贵的本领之一就是与任何人交往，都能简捷迅速。这是一般成功者都具有的通行证。在美国现代企业界里，与人接洽生意能以最少时间产生最大效率的人，非金融大王摩根莫属。为了珍惜时间他招致了许多怨恨，但其实人人都应该把摩根作为这一方面的典范，因为人人都应具有这种珍惜时间的美德。

　　摩根每天上午 9 点 30 分准时进入办公室，下午 5 点回家。有人对摩根的资本进行了计算后说，他每分钟的收入是 20 美元，但摩根认为不只这些。所以，除了与生意上有特别关系的人商谈外，他与人谈话绝不超过 5 分钟。通常，摩根总是在一间很大的办公室里，与许多员工一起工作，他不是一个人待在房间里工作。摩根会随时指挥他手下的员工，按照他的计划去行事。如果你走进他那间大办公室，是很容易见到他的，但如果你没有重要的事情，他是绝对不会欢迎你的。

　　摩根能够准确地判断出一个人来接洽的到底是什么事。当你对他说话时，一切转弯抹角的方法都会失去效力，他能够立刻判断出你的真实意图。这种卓越的判断力使摩根节省了许多宝贵的时间。有些人本来就没有什么重要事情需要接洽，只是想找个人来聊天，而耗费了工作繁忙的人许多重要的时间。摩根对这种人简直是恨之入骨。

　　处在知识日新月异的信息时代，人们常因繁重的工作而紧张忙碌。如果想调剂自己的生活，就必须学会有效利用时间。无论是在工作还是学习方面，若能以最短的时间，做更多的事，那么剩下的时间就可以挪为他用了。因此，善于利用时间，不仅可以完成许多事情，还能拥有轻松自在的生活。

　　你也许会对社会上那些著名的企业家、政治家感到怀疑，他们每天有那么多事情要处理，却还能将自己的时间安排得有条不紊。不但能阅读自己喜欢的书籍，以休闲娱乐来调剂身心，并且还有时间带着全家出国旅行，难道他们一天不是 24 小时吗？正确答案是他们比别人更善于利用时间，并将它有效运用。

第二节

现在，就开始改变

> 没有尝试的地方，就绝对没有成功。
>
> ——纳尔逊

现在，就开始改变

一个人若想求取功名，如果他连考场都不进，功名就永远不可能降临。同样，一个人若想成为人人羡慕的亿万富翁，如果不思改变现状，那财富也永远不可能降临到他头上。因此，要成为亿万富翁，必须寻求改变。

人都有一种思想和生活的习惯，就是害怕环境改变和自己的思想变化，人们喜欢做经常做的事情，不喜欢做需要自己变化的事情。所以，很多时候，我们没有抓住机会，并不是因为我们没有能力，也不是因为我们不愿意抓住机会，而是因为我们恐惧改变。人一旦形成了思维定式，就会习惯地顺着定式的思维思考问题，不愿也不会转个方向、换个角度想问题，这是很多人的一种愚顽的"难治之症"。比如说看魔术表演，不是魔术师有什么特别高明之处，而是我们大伙儿思维过于因循守旧，想不开，想不通，所以上当了。比如人从扎紧的袋里奇迹般地出来了，我们总习惯于想他怎么能从布袋扎紧的上端出来，而不会去想想布袋下面可以做文章，下面可以装拉链。让一个工人辞职去开一个餐厅，让一位教师去下海，他不愿意的几率大于60%，因为他害怕改变原来的生活和工作的状态。如果能够勇敢地面对变化，便在很大程度上超越了自己，便很容易获得成功。比尔·盖茨就是一个活生生的例子。比尔·盖茨曾是一名学生，在学校过着非常舒适的大学生活，走出校园去创业，这是一个很大的变化，但是比尔·盖茨毅然决定改变现状，凭着自己的才华和毅力终于成为世界上首屈一指的富翁。

勇敢地接受变化，常常走向成功。

在生活的旅途中，我们总是经年累月地按照一种既定的模式运行，从未尝试走别的路，这就容易衍生出消极厌世、疲沓乏味之感。所以，不换思路，生活也就乏味。很多人走不出思维定式，所以他们走不出宿命般的贫穷结局；而一旦走出了思维定式，也许可以看到许多别样的人生风景，甚至可以创造新的奇迹。因此，从舞剑可以悟到书法之道，从飞鸟可以造出飞机，从蝙蝠可以联想到电波，从苹果落地可悟出万有引力……常爬山的应该去涉水，常跳高的应该去打打球，常划船的应该去驾驾车，常当官的应该去为民。换个位置，换个角度，换个思路，寻求改变，你才能改变贫穷的现状，才有可能成为亿万富翁。

布兰妮是一位普通的美国妇女，她先后生了两个女儿，仅靠老实的丈夫在一家工厂做工所得的微薄工资维持生计，一家四口的生活甚是拮据。

贫苦的生活使布兰妮倍感失望，她觉得前途一片渺茫。经过深思熟虑后，她决定自己动手，改善家庭经济困难的现状。这时，一个偶然的机会撞上门来。一天傍晚，丈夫邀了几位朋友到家里来玩，布兰妮便去准备晚餐。其实，朋友来玩是丈夫虚晃一枪，请朋友品尝布兰妮做的菜肴才是真。

布兰妮确实有一手很好的烹饪技术，但丈夫事先没交代有朋友来吃饭，时间匆促，来不及做什么准备，布兰妮只好随便做了几道家常菜。但就是这几道家常菜，使丈夫的朋友吃得赞不绝口。有个朋友心直口快，对布兰妮说："你的烹饪技术最低都可以拿个二级职称，开家餐馆，顾客一定会很多。"

其他的朋友也都随声附和。

布兰妮听了朋友的夸奖，心里自然高兴。但她觉得马上就去开一家餐馆，从自己的技术方面考虑，条件是具备了，但要租铺面、添设备，其资金一时难以解决。她想到开餐馆的这两个条件只具备其中之一，认为时机还未成熟。这时，她看到朋友们的酒兴正浓，便想去做一些点心送上桌再给他们助酒兴，于是又下厨房去了。

不一会儿，布兰妮端上点心，朋友们先闻着香味，再品尝到味道，又是一阵叫好。于是又有朋友说："你就开家食店，专卖这种点心，保证能赚。"布兰妮说："我是想开个食店卖点心，就在家里做，只要早晨在门口出个摊位就行了。"

这样，布兰妮便每天早晨出摊卖起自己做的点心了。她决定，一次只做 10 斤面粉的点心。由于她做出的点心色、香、味俱全，早上摆出去，采取薄利的策略，很快就卖完了。到后来，一些顾客熟了，来迟了见没有了点心，还会到她家里来寻找，往往把留下给自家人吃的点心都拿走了。

一个月下来，布兰妮卖点心所赚到的钱比丈夫的工资要高出 3 倍多。布兰妮觉得，卖这种点心虽然赚钱，但仅能帮助解决早餐的问题，若是作为一种商品向社会行销，没有品牌的名称，这就困难了。于是，她开始寻找新产品。

几个月后，她在一家书店发现了一本新出的《糕点精选》，其中有一则醒目的广告，是宣传全麦面包的。据广告上所说，这是一种富含维生素的保健食品，不管老少吃了都有好处。并指出，由于过去对这种糕点的制作方法过于粗糙，致使成品面包色泽变黑，很长时间没能在社会上推广开来。现在，已经有了一种新的制作方法，使做出来的面包不失原有的丰富营养，同时又色、香、味俱全。布兰妮越看心里越高兴，她还看到这种糕点是用全麦面粉和纯白面粉各自调和后压成薄层，再分层叠成若干后卷成卷，就叫"千层卷"。这一制作面包的新方法，已经获得专利权，专利权所有者正寻找合作伙伴。

布兰妮看完广告，她觉得这才是自己创业的机会。因为这种"千层卷"水分低，既便于长期保存，又符合人们在美食和保健两方面的需要，投放市场必受顾客欢迎。布兰妮心里想："我一定要抓住这个机会。"

布兰妮用抵押房屋的钱先买下做这种新式面包的专利权和一些必要的设备，余下一部分钱作为流动资金。她将自己开的面包店起名为"棕色浆果烤炉"。

此后布兰妮只用了十几年的时间，便把一个家庭式的小面包店，发展成为一家具有现代化设备的大企业，每年的营业额由3万多美元，增长到400多万美元，布兰妮也跻身于富人之列。

如果不寻求改变，布兰妮和她的家人也许一辈子就只能徘徊于贫穷的边缘，平庸一生。因此，贫穷并不可怕，关键在于你是否有改变的欲望，只有改变才能使你成为亿万富翁。

你是否在做一件事情的时候，问过自己："我做过的事情，是否让我自己满意？"如果目前你所做的事情、你所处的位置连你自己都不满意，那说明你没有做到卓越。既然事情没有做到卓越，你依然贫穷，为什么不寻求改变呢？

许多亿万富翁都经历过贫困的童年生活，他们为自己低下的社会地位感到屈辱，他们渴望像富有的人一样拥有财富、摆脱贫困，再也不想一无所有。"像富有的人一样干，我也行"，正是他们强烈的渴望帮他们走上了富裕的道路。

他们不满足于现状，他们遭受了无数挫折，却最终获得数以亿万计的财富。这对你同样适用。你对自己目前的状况并不是很满意，你也没有必要为自己的不满意感到羞愧，相反，这种不满能够产生很强的激励作用。别人能做到的，自己也能做到！只有低能的人或智者才是完全幸福的，因为我们还没有达到这种圆满的境界，我们不该害怕公开讨论自己的不满，渴望更好的状况是完全合理的。你深深珍惜的梦想是你的一部分，他们致富的实践是你需要借鉴的宝典。所以，要坚信自己能像他们一样干得好，那么你便开始起航吧，让亿万富翁的榜样为你的行动提供动力！

如果一个人满足于给别人打江山，那么，他永远只能是一个优秀的打工仔。要想摆脱这种局面，必须改变你自己。

年轻时的李嘉诚在一家塑胶公司业绩优秀，步步高升，前途光明，如果是一般人，也应该心满意足了。

然而，此时的李嘉诚，虽然年纪很轻，但通过自己不懈的努力，在他所经历的各行各业中，都有一种如鱼得水之感。他的信心一点一点地开始膨胀起来，他觉得这个世界在他面前已小了许多，他渴望到更广阔的世界里去闯荡一番，渴望能够拥有自己的企业，闯出自己的天下。

李嘉诚不再满足于现状，也不愿意享受安逸。于是，正干得顺利的他，再一次跳槽，重新投入竞争的洪流，以自己的聪明才智，开始了新的人生搏击。

老板见挽留不住李嘉诚，并未指责他"不记栽培器重之恩"，反而约李嘉诚到酒楼，设宴为他饯行，令李嘉诚十分感动。

席间，李嘉诚不好意思再隐瞒，老老实实地向老板坦白了自己的计划：

"我离开你的塑胶公司，是打算自己也办一家塑胶厂，我难免会使用在你手下学到的技术，也大概会开发一些同样的产品。现在塑胶厂遍地开花，我不这样做，别人也会这样做的。不过我绝不会把客户带走，不会向你的客户销售我的产品，我会另外开辟销售线路。"

李嘉诚怀着愧疚之情离开塑胶公司——他不得不走这一步，要赚大钱，只有靠自己创业。这是他人生中的一次重大转折，他从此迈上了充满艰辛与希望的创业之路。

正是要求改变现状的欲望改变了李嘉诚的一生。

你是否有改变自己的强烈欲望，你是否有做富人的雄心大志？

一定要成功。你的欲望有多么强烈，就能爆发出多大的力量；欲望有多大，就能克服多大的困难。你完全可以挖掘生命中巨大的能量，激发成功的欲望，因为欲望是成功的原动力，欲望即力量。

既然只有改变才能成为亿万富翁，那就赶快行动吧。你改变的欲望越强烈，改变的能量就越大。

首先应该学习富翁的思维方式

犹太经典《塔木德》中有这样一句话："要想变得富有，你就必须向富人学习。在富人堆里即使站上一会儿，也会闻到富人的气息。"穷之所以穷，富之所以富，不在于文凭的高低，也不在于现有职位的卑微或显赫，很关键的一点就在于你是恪守穷思维还是富思维。

爱思考的人不一定是一个富人，但富人一定是一个善于思考的人。因为思考是让一切做出改变的开始，也只有通过思考，才可以让一切改变。

真正的穷人是不会思考的，他不会去思考别人为什么能变成富人，更不会去思考自己为什么会是一个穷人。他会把自己穷的原因简单地归结于社会和他人，从不会觉得与自己有任何的关系。

穷人肯付出力气，但却不舍得动自己的大脑，他认为思考是一件很痛苦的事情或者是自己不能做的事情。穷人因为不善于思考，所以就不能做出改变，所以就成不了富人。

　　思维是一切竞争的核心，因为它不仅会催生出创意，指导实施，更会在根本上决定成功。它意味着改变外界事物的原动力，如果你希望改变自己的状况，获得进步，那么首先要做的是：改变自己的思维。

　　穷人的穷，不仅仅是因为他们没有钱，而在于他们根本就缺乏一个赚钱的头脑。富人的富有，也不仅仅因为他们手里拥有大量的现金，而是他们拥有一个赚钱的头脑。

　　有这样一个故事，说的就是财富和头脑的关系：

　　有一个百万富翁和一个穷人在一起，那个穷人见富人生活是那么的舒适和惬意，于是穷人对富人说：

　　"我愿意在您府上为您干活3年，我不要一分钱，但是你要让我吃饱饭，并且有地方让我睡觉。"

　　富人觉得这真是少有的好事，立即答应了这个穷人的请求。3年期满后，穷人离开了富人的家，从此不知去向。

　　10年又过去了，昔日的那个穷人，竟然已变得非常富有，以前的那个富人和他相比之下，反而显得很寒酸。于是富人向昔日的穷人提出：愿意出10万块钱，买下他变得这么富有的秘诀。

　　昔日的那个穷人听了哈哈大笑说："过去我是用从你那儿学到的经验赚钱，而今天你又用钱买我的经验，真是好玩啊！"

　　原来那个穷人用了3年时间，学到了如何致富的秘诀。于是他赚到了很多钱，变得比那个富人还有钱，那个富人也明白了这个穷人比他富有的原因，这是因为穷人的经验已经比他多了。为了让自己拥有更多的财富，他只好掏钱购买原来的那个穷人的经验。

　　要想富有，就必须学着像亿万富翁一样思考。只要去学着像他们一样思考，你就会得到他们拥有财富的秘诀。

　　香港领带大王曾宪梓是学习像富人一样思考的典型。

　　在商业竞争十分激烈的香港，曾宪梓正是因为独辟蹊径，抓住生产高档领带这个商机，才取得了事业上的成功。曾宪梓出生于广东梅县的一个农民家庭，从小生活极其艰苦，家中经济困难，无钱支付学费，从中学到大学的学费全靠国家发给的助学金。他1961年毕业于广州中山大学生物系，1963年5月去泰国，1968年又回到香港。在这段时间中，他的处境甚为艰难，甚至给人当过保姆看孩子挣钱。空余时间他抓紧时间阅读有关经营方面的书籍，向一些内行人请教经营的基本常识和技巧，他还注意研究香港的工商业及市场情况。经过长期的琢磨思考，有一天终于从市场的"缝隙"中找到了发展的机遇：香港服装业很发达，400多万香港人中，有不少人有好几套西装。香港比较流行的话，叫做"着西装，捡烟头"，捡烟头的人都穿西装，可见西装之普遍。可曾宪梓发现，在香港没有一家像样的生产高档领带的工厂，于是他决定开设领带厂。

曾宪梓在决定办领带厂后，遇到了一系列想象不到的困难。

最初，他从人们的价格承受能力考虑，准备生产大众化的、低档次领带，试图以便宜的价格来吸引顾客，领带的批发价低至58元一打，减除成本38元，还可以赚20元。可惜，现实却偏偏开他的玩笑，买主拼命压价，利润所剩无几，尽管这样，领带还是不容易销出，一度经营不顺。

他吸取了产品"受阻"的教训，决定尝试生产高档领带。他用剩下的钱，到名牌商场买了4条受顾客欢迎的高级领带。买回后逐一"解剖"，研究它的制造过程。他根据样品，另外制作了4条领带，并将"复制品"与原装货一起交给行家鉴别，结果以假乱真，行家也无法识别。这样一来，进一步坚定了他生产高级领带的想法。

他立即借了一笔钱，购买了一批高级布料，赶做了许多领带。岂料，领带商因怀疑产品质量而不从他这里进货，一度造成了产品的积压。

曾宪梓想，别人不买我的货，主要是不认识这些货，如果将它放在高档商店的显著位置，就会引起别人的注意，可能会打开销路。他把自己缝制的4条领带寄存在当时位于旺角的瑞星百货公司内，要求陈列在最显眼的位置，供顾客选择。功夫不负有心人，他的领带受到广泛好评，随之而来的是销量大增。曾宪梓也因此而一举成功。

人的一生之中，大部分成就都会受制于各种各样的问题，因此，在解决这些问题的时候，你首先要改变思维，像一个富人那样去思考，问题才能够得到解决，事业才能够得到发展。

约翰的母亲不幸辞世，给他和哥哥约瑟留下的是一个可怜的杂货店。微薄的资金，简陋的小店，靠着出售一些罐头和汽水之类的食品，一年节俭经营下来，收入微乎其微。

他们不甘心这种穷困的状况，一直探索发财的机会，有一天约瑟问弟弟：

"为什么同样的商店，有的人赚钱，有的人赔钱呢？"

弟弟回答说："我觉得是经营有问题，如果经营得好，小本生意也可以赚钱的。"

可是经营的诀窍在哪里呢？

于是他们决定到处看看。有一天他们来到一家便利商店，奇怪的是，这家店铺顾客盈门，生意非常好。

这引起了兄弟二人的注意，他们走到商店的旁边，看到门外有一张醒目的红色告示写道：

"凡来本店购物的顾客，请把发票保存起来，年终可凭发票，免费换领发票金额5%的商品。"

他们把这份告示看了几遍后，终于明白这家店铺生意兴隆的原因了：原来顾客就是贪图那年终5%的免费购物。他们一下子兴奋了起来。

他们回到自己的店铺，立即贴上了醒目的告示："本店从即日起，全部商品降价5%，并保证我们的商品是全市最低价，如有卖贵的，可到本店找回差价，并有奖励。"

就这样，他们的商店出现了购物狂潮，他们乘胜追击，在这座城市连开了十几家门市，占据了几条主要的街道。从此，凭借这"偷"来的经营秘诀，他们兄弟的店迅速扩充，财富也迅速增长，成为远近闻名的富豪。

一个人成功与否掌握在自己手中。思维既可以作为武器，摧毁自己，也能作为利器，开创一片属于自己的未来。你是一名穷人，如果你改变了自己的思维方式，像亿万富翁一样思考，你的视野就会无比开阔，最终成为一名富人；如果你一味坚持穷思维而不思改变，那么你只能继续穷下去了。

从心理上成为一名富人

在日常生活中，我们经常会看到这样一些人：他们或许从外表上看去像富人，但却是一副穷人做派。实际上他们根本不能算富人，只是一些比较有钱的"穷人"罢了。

"心有多大，舞台就有多大。"要想成为一名富人，首先必须从心理上成为一名富人。只有从心理上成为一名富人，才能摆脱心理的贫穷。

井底里有一只刚出生不久的青蛙，对生活充满了好奇。

小青蛙问："妈妈，我们头顶上蓝蓝的、白白的，是什么东西？"

妈妈回答说："是天空，是白云，孩子。"

小青蛙说："白云大吗？天空高吗？"

妈妈说："前辈们都说云有井口那么大，天比井口要高很多。"

小青蛙说："妈妈，我想出去看看，到底它们有多大多高？"

妈妈说："孩子，你千万不能有这种念头。"

小青蛙说："为什么？"

妈妈说："前辈们都说跳不出去的。就凭我们这点本事，世世代代都只能在井里待着。"

小青蛙有些不甘心地说："可是前辈们没有试过吗？"

妈妈说："别说傻话了。前辈们那么有经验，而且，一代又一代，怎么可能会有错？"

小青蛙低着头说："知道了。"

自此以后，小青蛙不再有跳出井口的想法。

小青蛙的悲剧就在于它"不再有跳出井口的想法"了。只有你的心中存有广阔的蓝天，你才能跳出贫穷的井，成为一名富人，如果连跳出井口的愿望都没有了，那么，此后就只能坐在井底了。

洛克菲勒小的时候，全家过着不安定的日子，一次又一次地被迫搬迁，历尽艰辛横跨纽约州的南部。可他们却有一种步步上升的良好感觉，镇子一个比一个大，一个比一个繁华，也一个比一个更给人以希望。

1854年，15岁的洛克菲勒来到克利夫兰的中心中学读书，这是克利夫兰最好的一所中学。据他的同学后来回忆说："他是个用功的学生，严肃认真、沉默寡言，从来不大声说话，也不喜欢打打闹闹。"

不管有多孤僻，洛克菲勒一直有他自己的朋友圈子。他有个好朋友，名叫马克·汉纳，后来成为铁路、矿业和银行三方面的大实业家，当上美国参议员，并作为竞选总统的后台老板，在政界为洛克菲勒行将解散的美孚石油托拉斯进行斡旋。

洛克菲勒和马克·汉纳，两个后来影响了美国历史的大人物，在全班几十个同学中能结为知己，不能说出于偶然。美国历史学家们承认，他们两人的天赋都与众不同，一定是受了对方的吸引，才走到一起的。

表面木讷的洛克菲勒，其内心的精明远远超过了他的同龄人。汉纳是个饶舌的小家伙，通常是他说个不停，而洛克菲勒则是他忠实的听众。应当承认，汉纳口才不错，关于赚钱的许多想法也和洛克菲勒不谋而合，只是汉纳善于表达，而洛克菲勒习惯沉默罢了。有一次，马克·汉纳问他："约翰，你打算今后挣多少钱？"

"10万美元。"洛克菲勒不假思索地说。

汉纳吓了一跳，因为他的目标只是5万美元，而洛克菲勒整整是他的两倍。

当时的美国，1 万美元已够得上富人的称号，可以买下几座小型工厂和 500 英亩以上的土地。而在克利夫兰，拥有 5 万元资产的富豪屈指可数。约翰·洛克菲勒开口就是 10 万元，瞧他轻描淡写的模样仿佛 10 万美元只是一个小小的开端。

当时同学们都嘲笑这个开口就是 10 万美元的家伙的狂妄，殊不知，不久的将来，洛克菲勒真的做到了，而且不是 10 万，是亿万！

在小小的洛克菲勒的心目中，他就将自己的财富定位在很高的位置上。最终，他也获得了比别人高亿万倍的成就。

在现实社会中，不论是穷人或富人，谁都可以开一间十几平方米的小铺子，但只有真正的富人，才能依靠自己的聪明和智慧，把小铺子变成世人皆知的大企业，才能使他的企业影响世界上的每一个人。

作为一个想成为真正的富人的人，我们不仅仅需要关注富人的口袋，更应该关注他的脑袋，特别是富人口袋还没有鼓起来时的脑袋，看看他都往自己的脑袋里装了些什么东西。

现在市面上的东西很多很多，有很多东西充满着令人难以抗拒的诱惑。有的东西看上去很好，有的东西看上去很有用，但是那些东西并不是能使我们成为富人的东西。

我们一定要分清楚有钱人和富人的区别，做一个一时的有钱人很容易，但做一个真正的富人并没有那么简单。有钱人不一定有一个富脑袋，可能只有一个富口袋。要记住，没有富脑袋支配的富口袋，总有一天会变成穷口袋的。

穷人有受穷的原因，富人有发财的理由，这其中没有什么偶然，只有不变的必然。我们不要把目光全盯在口袋上，而是应该放在自己的脑袋上，一旦自己的脑袋富有了，那么我们口袋的富有就是时间的问题了，也只有我们的脑袋富有了，才能真正地驾驭财富，而不被财富所伤。

穷人和富人，首先是脑袋的距离，然后才是口袋的距离。

因此，必须弥补脑袋的距离，从心理上成为一名富人，穷人才能够致富。

YAHOO的创始人杨致远曾经说过："当时没有人认为YAHOO会成功，更没有人认为会赚钱，他们总是说，你们为什么要搞那个东西——实际上，一件事情理论上已经行得通了，它也不一定能成功，而如果你认为很难成功也一定还要做的时候，你差不多就成功了。"是的，如果这是你真正想做的事情，那你就要去做，即使认为很难成功也要去做，这样做并不需要太多的理由，只是因为你愿意。在这个世界上，有一些事情，做或者不做都没有谁会逼你，你没有必要去选择可能性很小的那条路，除非你愿意。比尔·盖茨的成功并非来自于优异的学习成绩，实际上促使他的整个命运发生转折的不过是湖畔中学里一台别人捐献的计算机。从那个时候起，他就开始对此着迷，并和另一个孩子一起开始讲述他们明天的梦想。今天，比尔·盖茨成了世界首富，而另一个孩子的财富也排名第三，那个孩子就是保罗·艾伦。

你愿意去改变自己的心理，像富人们一样，你也可以富。如果你愿意，你就要义无反顾地去做；如果你愿意，你就不要在乎别人怎么看你。做你愿意做的事情，别人说我们我行我素也好，别人说我们固执己见也好，管他们怎么说呢？

拥有富人的心理就应该是这样的！

贫穷本身并不可怕，可怕的是贫穷的思想，是认为自己注定贫穷、必须老死于贫穷的信念！

假使你觉得自己的前途无望，觉得周遭的一切都很黑暗惨淡，那么你立刻转过身来，朝向另一方面，朝向那希望与期待的阳光，而将黑暗的阴影遗弃在背后。

克服一切贫穷的思想、疑惧的思想，从你的心扉中，撕下一切不愉快的、黑暗的图画，挂上光明的、愉快的图画。

用坚毅的决心同贫穷抗争。你应当在不妨碍、不剥削别人的前提下，去取得你的那一份儿。你是应该得到"富裕"的，那是你的天赋权利！

心中不断地想要得到某一种东西，同时孜孜不倦地去奋斗以求得到它，最终我们总能如愿以偿。世间有千万个人，就因为明白了这个道理，而挣脱了贫穷的生活！

第三节

你也可以成为亿万富翁

> 每个人都是他自己命运的设计者和建筑师。
>
> ——约翰·D.洛克菲勒

只靠学校教育成不了亿万富翁

有高学历固然好，然而具备高素质比高学历更重要。高强的学习能力，是形成高素质的必要前提，但是一个学历并不高，却极具智慧的人，同样能够掌握手中的命运，他们凭借着善于思考的大脑、灵感的迸发、机遇的挑战以及卓绝的才能，实现了一个又一个理想。

在现实生活中，经常有人这样认为："只要把学上好了，财富自然就有了。"这个论断到底正确与否？在回答之前，我们先来看这样一项调查。

据有关部门对中国 15 个省市千万富翁调查的结果显示：

受教育程度硕士及以上者为 310 人，占 3.1%；大学本科 2420 人，占 24.6%；大学专科 2503，占 25.4%；高中 2304，占 22.6%；初中 1201，占 12.2%；中专 926，占 10.4%；小学 172 人，占 1.7%。

从调查结果来看，中国的千万富翁受教育程度集中在中学、大专、本科上，平均值在大专水平，本科学历的富翁中以年轻人居多。由此可见，能否成为富翁，其关键并不在于学历的高低。

而当我们再将目光转向社会之时，我们会发现中国目前每年都有几百万大学毕业生，数万硕士生、博士生，他们都成为亿万富翁了吗？显然没有，因此，我们可以明确地说，开篇的那个论断是错误的，只靠学校教育成不了亿万富翁。

1973 年，英国利物浦市一个叫科莱特的青年人考入了美国哈佛大学，常和他坐在一起听课的，是一位 18 岁的美国小伙子。大学二年级那年，这位小伙子和科莱特商议，一起退学，去开发 32Bit 财务软件，因为新编教科书中，已解决了进位制路径转换问题。当时，科莱特感到非常惊诧，因为他来这儿是求学的，不是来闹着玩的。再说对 Bit 系统，墨尔斯教授才教了点皮毛，要开发 Bit 财务软件，不学完大学的全部课程是不可能的。他委婉地拒绝了那位小伙子的邀请。

10 年后，科莱特成为哈佛大学计算机系 Bit 方面的博士研究生，那位退学的小伙子也在这一年，进入美国《福布斯》杂志亿万富翁排行榜。1992 年，科莱特继续攻读博士后；那位美国小伙子的个人资产，在这一年则仅次于华尔街大亨巴菲特，达到 65 亿美元，成为美国第二富翁。1995 年科莱特认为自己已具备了足够的学识，可以研究和开发 32Bit 财务软件，而那位小伙子则已绕过 Bit 系统，开发出 Eip 财务软件，它比 Bit 快 1500 倍，并且在两周内占领了全球市场，这一年他成了世界首富。一个代表着成功和财富的名字—比尔·盖茨也随之传遍全球的每一个角落。

这就是神奇的比尔·盖茨。

在这个世界上，每个人都有自己的选择，但是大多成功人士的历程都是有着同样拼搏创造的精神，才取得今日的成功。我们不禁在想，从小学到大学甚至读博士，学习的最终目的就是能认清社会，为实现自身价值作底蕴。过去有许多人认为，只要具备了精细的专业知识，本科生、研究生、硕士、博士就能成为亿万富翁。我们不必争论这种说法的对错，然而纵观世界知名人士，学历与成就并不成正比，比尔·盖茨哈佛大学没毕业就去创业了，假如等到他学完所有知识再去办微软，他还会成为世界首富吗？

新疆有一位富人，20世纪80年代时从贫穷的乡村出来打工，他只有小学学历，根本就没上过几天学，而20年后，他却已拥有数亿元的资产，创造了一个时代神话。

1985年，时年26岁的他揣着从亲朋好友那里借到的50元钱踏上了去乌鲁木齐的火车，开始了他神奇的创业征程。在走出乌鲁木齐火车站的大门时，这个人的全部家当只剩下2元钱和一张在部队用过的旧被子。在老乡的介绍下，懂建筑知识的他当上了建筑工地的班长，一天的报酬是5元。一年下来，挣了近2000元，这在当时无疑是个让人羡慕的数目。

1986年，觉得"有做头"的他又从老家带来了几十个农民工，从别人手中转来一个小工程。悲惨的是，在交工后老板跑了，一分钱都没有领到。年底的时候，他没有钱回家。有一位朋友给了他5元钱，一天就只吃一顿的日子延续了近10天。

这样的经历伤了他的自尊心，他当时暗暗发誓一定要混出个人样。

1987年，他终于迎来了自己的"春天"，他和新疆制胶厂签订了13万元的厂房维修合同。当年8月，他按时按质完成了全部工程，并受到对方的称赞。在其介绍下，他又接了几个小工程。年底清盘的时候，他惊喜地发现：除去各种债务，自己竟然有了 5 万元的存款。这也让他坚定了搞小工程的决心。两年后，他在乌鲁木齐市站稳了脚跟，个人资产也超过 70 万元。

有了资本，他做出了一个惊人的决定：进入流通领域和生产领域。他先是花 20 万元在乌鲁木齐市中心租了一间大型地下室，装修成商场后转租给他人，每年可以净赚 5 万元，同时他还在乌鲁木齐郊区开了两家煤矿。刚开始两年，煤矿和商场为他带来了滚滚财源，但是，摊子的铺大，带给他的是管理和决策上的大难题。随着时间的推移，经验不足、决策失误等接踵而来，1994 年，两家煤矿相继倒闭，1995年初，商场也关闭。

仿佛就在一夜之间，他从一个百万富翁变成一个不但身无分文，还倒欠他人几十万债务的穷光蛋。

不过，他没有被困难击倒。1995 年夏，经过仔细考察，他用借来的 100 多万元创办了新疆天地实业贸易公司，第一个项目就是开办服装商场。这一次他学乖了，把商场租下来自己经营；100 多个员工中85% 都是大专以上文化；同时实行严格的考核和激励制度。现代企业制度的建立，让他的服装商场蒸蒸日上，利润滚滚而来。

1998 年，他又决定将赚来的钱投入"生钱运动"：先后又投资到酒店、农业、电讯生产加工、房地产等行业，目前其资产已达数十亿元。

这位新疆富人以活生生的经历告诉我们，没有学校教育照样可以成为亿万富翁。

犹太人有则笑话，谈的是智能与财富的关系。

从前，有两位拉比在交谈：

"智能与金钱，哪一样比较重要？"

"当然是智能重要。"

"既然如此，有智能的人为何要帮富人做事呢？而富人却不替有智能的人做事？为什么学者、哲学家老是在讨好富人，而富人却对有智能的人摆出狂态呢？"

"这很简单。有智能的人知道金钱的价值，而富人却不知道智能的重要。"

在这个故事里，拉比认识到金钱的价值。他说得很对，有智能的人应该知道金钱的价值，不应该和金钱脱节。只有让智能和金钱结合，智能的价值才能在现实世界中显露出来。而接受学校教育并没有将智能和金钱结合起来，所以接受过学校教育的并不一定都会成为富翁。

从现实中的事例来看，挣钱也许并不需要多么高层次的教育背景、多么高的学历。许多人都有大学学历，但并不是财富的拥有者。罗伯特·清崎说，我有一个大学学位，但是诚实地说，获得财务自由与我在大学里学到的东西没有多少关系。我学习过多年的微积分、几何、化学、物理、法语和英国文学等，但天知道这些知识有多少我还记得。

许多成功人士没有受过多少学校教育，或在获得大学学位前就离开了学校。这些富人中有通用电气的创始人托马斯·爱迪生，福特汽车公司的创始人亨利·福特，微软的创始人比尔·盖茨；CNN的创始人泰德·特纳，戴尔计算机公司的创始人迈克尔·戴尔，苹果电脑的创始人斯蒂夫·吉布斯，以及保罗服装的创始人拉尔夫·劳伦。

这也就是说，高学历并不代表着高成功率，学历代表过去，能力代表将来。日本西武集团主席堤义明认为，学历只是一个人受教育时间的证明，不等于一个人有多少实际的才干。日本索尼公司董事长盛田昭夫在总结自己的成功时，曾写过一本书叫《让学历见鬼去吧》。盛田昭夫提出要把索尼公司的人事档案全部烧毁，以便在公司里杜绝学历上的任何歧视，因为那样会阻碍公司的发展。他在索尼公司大力提倡不论学历高低，只比能力大小的做法。

学知识、拿文凭是一种好现象，但轻视低学历却是一种怪现象了。

一个人的理论知识可以通过在学校接受教育或者自学来培养，日后的发展只能在实践中锻炼。要把理论与实践有机地结合起来，通过努力不断适应社会发展和市场发展的需要。只要你找到了适合自己的工作需求，并在其中有创意地工作，你才能超越一般的劳动者，成为人才。

在某些人眼里，高学历成了"香饽饽"，似乎拥有它，就与高层次、高素质人才画上了等号，其实不完全是这样的。

不可否认，学历是证明一个人所学知识的一种标准，但却不是唯一标准，更不是绝对标准。一个人具备高学历，只能说明他具有这样一段学习经历和一定规模的知识能力储备，至于其真正能力水平如何，以及能否很好地应用到工作中去，还有待实践锻炼和检验。如果片面追求高学历，而忽视真才实学的培养，只能出现诸如"注水文凭"、"高学低能"等负面现象，其危害已为许多事例所证明。

用在学校的学习时间或得到的文凭、证书、学位的多少来衡量一个人的赚钱能力，事实上，这种只注意数量的教育并不一定能造就出一个成功者。通用电气公司董事长拉尔夫·考迪那这样表达了商业管理人员对教育的态度："我们最杰出的总裁中，威尔逊先生和科芬先生两个人，他们从未进过大学。虽然我们目前有的领导人有博士学位，但41位里面有12位没有大学学位。我们感兴趣的是能力，不是文凭。"

需要再次强调的是，文凭或学位也许能帮助你找一份工作，但它不能保证你在工作上的进步和你赚取财富的多少。商业最注重的是能力，而不是文凭。对某些人来说，教育意味着一个人的脑子里储藏着多少信息和知识，但死记硬背事实、数据的教育方法不会使你达到目的。目前，社会越来越依靠书本、档案和机器来储存信息，如果你只能做一些一台机器就能做的事情，那你真的就会陷入困境了。

真正的教育、值得投资的教育是那些能开发和培养你的思维能力的教育。一个人受教育程度如何，要看他的大脑得到了多大程度的开发，要看他的思维能力，但亿万富翁并不是一纸文凭所能成就的，只要你时刻锻炼自己的大脑思维能力，即使你没有接受多么高深的学校教育，你也能成为亿万富翁。相反，如果你只去死记硬背知识，而不开发自己的大脑，即使你是博士生，也只能受穷。

纵览众富豪的名单及他们的经历可知，学校教育是教育不出亿万富翁的。要想成为亿万富翁，还必须依靠自己的努力。

选择自己终生感兴趣的事业

要想成为亿万富翁，首先要选择自己终生感兴趣的事业。只有选择你感兴趣的事业，你才会终生都热爱你的工作，付出你的精力，挖掘你的潜能。

包玉刚年轻时靠一条破船闯大海，当年曾引起不少人的嘲弄。包玉刚并不在乎别人的怀疑和嘲笑，他热爱自己选择的事业，并相信自己会成功。

他抓住有利时机，正确决策，不断发展壮大自己的事业，终于成为雄踞"世界船王"宝座的华人巨富。他所创立的"环球航运集团"，在世界各地设有 20 多家分公司，曾拥有 200 多艘总载重量超过 2000 万吨的商船队。他拥有的资产达 50 亿美元，曾位居香港十大财团的第三位。包玉刚的成功，令世界上许多大企业家为之震惊：他靠一条破船起家，经过无数次惊涛骇浪，渡过一个又一个难关，终于建起了自己的王国，结束了洋人垄断国际航运界的历史。回顾一下他成功的道路，他在困难和挑战面前所表现出的坚定信念，对我们每个人都是有益的启示。

包玉刚不是航运家，他的父辈也没有从事航运业的。中学毕业后，他当过学徒、伙计，后来又学做生意。30 岁时曾任上海工商银行的副经理、副行长，并小有名气。31 岁时包玉刚随全家迁到香港，他靠父亲仅有的一点资金，从事进出口贸易，但生意毫无起色。他拒绝了父亲要他投身房地产的要求，表明了从事航运的决心，因为航运竞争激烈，风险极大，亲朋好友纷纷劝阻他，以为他发疯了。

但是包玉刚却信心十足，他看好航运业并非异想天开。他根据在从事进出口贸易时获得的信息，坚信海运将会有广阔的发展前景。经过一番认真分析，他认为香港背靠大陆、通航世界，是商业贸易的集散地，其优越的地理环境有利于航运业。

37 岁的包玉刚正式决定搞海运，他确信自己能在大海上开创一番事业。于是，他抛开了他所熟悉的银行业、进口贸易，投身于他并不熟悉的航海业。

对于包玉刚这样穷得连一条旧船也买不起的外行人，谁也不肯轻易把钱借给他，人们根本不相信他会成功。他四处借贷，但到处碰壁，尽管钱没借到，但他经营航运的决心却更坚定了。后来，在一位朋友的帮助下，他终于贷款买来一条 20 年航龄的烧煤旧货船。从此，包玉刚就靠这条整修一新的破船，扬帆起锚，跻身于航运业了。

如果你喜欢，绝对地喜欢你所做的事业，你成功的机会就越大。

然而，对一桩事业，往往并非第一眼就会喜爱上。

研究显示，仅 55%的百万富翁声称自己最初是由于喜欢而选择了他们的职业，但超过 80%的百万富翁认定热爱自己的事业或生意是解释其经济成功的重要因素。并非所有的百万富翁都始终认为，他们所选择的职业能为他们带来巨大的利润。但是，66%的百万富翁认为，他们最初选择职业是由于它会带来经济上独立的机会。58%的百万富翁指出，选择职业的重要因素是该职业具有"巨大的利润或收入潜力"。

拥有自己的生意并无法绝对保证能成为富翁。但是，通过细心地选择自己的职业能够增加成功的可能性。

詹姆斯先生在明智地选择职业方面是一个很好的例子。

詹姆斯先生生活在中上层的家庭，进过预备学校，他的前18年住在纽约大都市的一个漂亮的居住小区。詹姆斯先生每年的收入超过70万美元，可以算作是一个富翁，一个资产型富翁。他在每年所实现的收入中，每一美元的投入就有超过20美元的净资产。每周工作日的早晨，他5点35分起床，面带笑容，并且很快就投入工作。

在解释自己的工作态度时，詹姆斯说："我没有经济上的担忧……我一心只想着去工作……我要去实现我的生意目标，这非常重要。我没有财力上的问题。我不像有些老板，住着昂贵的房子，银行里又没有钱……他们有财力上的担心。而且，我每天都很想去公司，我想做这个，又想做那个。我就是凭着这个动力去工作……就是想把工作做好。"

他长期不停地工作，每天早早起床，其背后的动力是什么呢？

詹姆斯先生的动力与大多数经济成功者的动力是一样的——他们的财富越多，他们就越有可能说："我的成功直接源于我对自己的事业或生意的热爱。"

詹姆斯先生现在已经是一个非常成功的富翁，即使再过20年，他也有足够的钱使他及家人活得舒舒服服，但他仍然黎明即起，每天辛勤工作。他只是想把生意做得越来越好。

从詹姆斯先生的身上，我们可以看到"热爱"的力量，但只有你感兴趣的事业，你才会热爱。因此，选择一个你终生感兴趣的事业是相当重要的。

选择职业是人生的一个重要转折点，选好了，可以成就事业的基础，选不好，将面临无数的坎坷。确定职业之前，应该考虑职业是否符合自己的志趣和爱好，与所学专业是否对口或相近，其社会意义和发展前景如何，必要的工作环境和保障条件怎样。

　　兴趣是一个人力求认识、掌握某种事物、并经常参与该种活动的心理倾向。

　　人们对某种职业感兴趣，就会对该种职业活动表现出肯定的态度，就能在职业活动中调动整个心理活动的积极性，开拓进取，努力工作，这样自然有助于事业的成功。反之，如果对某种职业不感兴趣，硬要强迫他做自己不愿做的工作，这无疑是对意识、精力、才能的浪费，自然无益于工作的进步。

　　爱因斯坦走进科学的迷宫，成为一代科学巨匠，兴趣是决定性因素。门捷列夫迷恋神奇的化学世界，发现化学元素周期律，兴趣是最好的老师。兴趣对人的发展有一种神奇的力量。

　　所以，人们在选择职业时，往往首先想到喜欢哪种职业，对哪种职业感兴趣。

　　兴趣是人所共有的，但又是千差万别的。有的人对文学创作感兴趣；有的人喜欢唱歌、跳舞；有的人对研究自然科学知识感兴趣；有的人则偏爱技能操作。不同的职业需要不同的兴趣特征。一个擅长技能操作的人，靠他灵巧的双手，在技能操作领域得心应手，但如果硬把他的兴趣转移到书本的理论知识上来，他就会感到无用武之地。这种兴趣上的差异，是构成人们选择职业的重要依据之一。

　　一个人的兴趣爱好是很多的，一般说来，兴趣爱好广泛的人，选择职业时的自由度就大一些，他们更能适应各种不同岗位的工作。广泛的兴趣可以促使人们注意和接触多方面的事物，为自己选择职业创造更多有利条件。

　　因兴趣才能热爱，才能不遗余力地为事业而奋斗。因此，在你踏上致富之路前，必须选择好自己的职业。

你也可以成为亿万富翁

现代社会竞争日趋激烈，在经济大潮中奋斗的年轻人都会默默自问："我能成为亿万富翁吗？"在此，我们可以毫不犹豫地告诉你："你能！"

一则流传很广的故事这样说：

一天，犹太教士胡里奥在河边遇见了忧郁的年轻人费列姆。

费列姆唉声叹气，愁眉苦脸。

"孩子，你为何如此郁郁不乐呢？"胡里奥关切地问。

费列姆看了一眼胡里奥，叹了口气："我是一个名副其实的穷光蛋。我没有房子，没有工作，没有收入，整天饥一顿饱一顿地度日。像我这样一无所有的人，怎么能高兴得起来呢？"

"傻孩子，"胡里奥笑道，"其实，你应该开怀大笑才对！"

"开怀大笑？为什么？"费列姆不解地问。

"因为你其实是一个百万富翁呢！"胡里奥有点诡秘地说。

"百万富翁？您别拿我这穷光蛋寻开心了。"费列姆不高兴了，转身欲走。

"我怎会拿你寻开心？孩子，现在你能回答我几个问题吗？"

"什么问题？"费列姆有点好奇。

"假如，现在我出20万金币，买走你的健康，你愿意么？"

"不愿意。"费列姆摇摇头。

"假如，现在我再出20万金币，买走你的青春，让你从此变成一个小老头，你愿意么？"

"当然不愿意！"费列姆干脆地回答。

"假如，我现在出20万金币，买走你的美貌，让你从此变成一个丑八怪，你可愿意？"

"不愿意！当然不愿意！"费列姆头摇得像个拨浪鼓。

"假如，我再出20万金币，买走你的智慧，让你从此浑浑噩噩度此一生，你可愿意？"

"傻瓜才愿意！"费列姆一扭头，又想走开。

"别慌，请回答完我最后一个问题——假如现在我再出 20 万金币，让你去杀人放火，让你从此失去良心，你可愿意？"

"天哪！干这种缺德事，魔鬼才愿意！"费列姆愤愤地回答道。

"好了，刚才我已经开价 100 万金币了，仍然买不走你身上的任何东西，你说你不是百万富翁，又是什么？"胡里奥微笑着问。

费列姆恍然大悟。

他谢过胡里奥的指点，向远方走去……他不再叹息，不再忧郁，微笑着寻找他的新生活去了。

故事的寓意是深刻的，它表明：只要你有个完满无缺的身体，你就已经拥有百万价值了。相信你自己，你也可以成为亿万富翁。

如果你还有所疑问，那就请记住这样一个数据：80% 的亿万富豪出身贫寒或学历较低，他们白手起家创大业，赢得了令人羡慕的财富和名誉。

幸运的是，我们不必以健康来交换金钱，只要利用我们的积极性，建立人格、信心、能力与忠诚，我们就能拥有想要的一切。

据说，荷兰画家林布兰特的一幅油画价值百万美元。到底是什么东西使他的画这么值钱呢？

我们可以设想几种可能：首先，这显然是一幅很独特的油画，是林布兰特罕见的亲笔画，所以价高；第二，林布兰特是一位油画天才。显然，他的画价值百万是因为他的才能受到肯定的缘故。

然后我们再想想自己。有史以来，几百亿人曾经生活在这个地球上，但从来未曾有过、也将永远不会有第二个你。你是地球上一个独特的、唯一的生物。这些特性赋予你极大的价值。请想想，即使林布兰特是个天才，也只是一个而已，创造林布兰特的上帝也同样创造了你；照上帝的眼光看来，你跟林布兰特一样的珍贵。

　　然而，现在有一些甘于平庸的人到处宣扬平庸哲学，说什么平庸是真，这在富人眼里是无能的表现，是那么的可笑。

　　如果你真是一个有所作为的人，就该根据你掌握的知识，去做相应层次的工作。很多事情并不需要很高学历的人去做，像房地产开发工程项目建设，结构不需要你去设计，图纸不需要你去画，你只要看着图纸能把楼建起来就行。而你就是把工程学院的院士叫去干这活，他比一个普通的本科生也高明不到哪儿去。因此，没有必要非硬着头皮去读一个硕士或者博士学位。有些人不是为了学以致用而攻读学位，在你读了一大堆学历之后，有人已经成为百万富翁；再等你转了行，找到稳定的工作，当上经理以后，有人已经成为亿万富翁。

　　这些人非常可悲，他们竟然为了一种平庸的生活方式而采用了更加平庸的实现手段，实际上他们心里一直有着强烈的自卑，并存在着一种更加强烈的求稳心态，他们考研的目的就是为了今后的工资稳定。他们胆小怕事，不敢挑战机会和命运，只好去做一个整天端茶倒水打字聊天的文秘，他们永远成不了英雄——真正的创业英雄。这些人在这个世界上占有立足之地就满足了。

　　我们绝不能苟同他们的观点，我们要在这个世界上不断扩大自己的活动空间，我们要成就雄心壮志，我们要不甘平庸寂寞，我们绝不能再让这个世界忽视我们的存在，我们要做精神领袖，我们要做财富英雄……

　　不错，一切皆有可能，只要你仍然愿意面对挑战。因此对我们来说，放弃现在庸庸碌碌的生活就是一个开头。力量小并不可怕，就怕你不敢改变现状。

　　今天，创业者大多是在寻求一种成就感，而且应该说所有不甘平庸的人也在寻求这样一种成就感。这种成就感让这些人去面对新的生活和新的挑战；这种成就感让这些人愿意去披荆斩棘，证明自己的存在。是的，他们不甘心被湮没在世俗之中，他们要从事业的成功中得到满足。

要成功地自我创富，就必须有强大的愿力。那么何为愿力呢？愿力是指明确的志愿与无坚不摧的欲望所表达出来的力量。

愿力中的"愿"即志愿，属于立志的范畴。对创富而言，我们所说的志愿，还应有两个基本要求：

一是志向远大，而且要将目标具体化。

也就是说，你必须确定你要求的财富的数字，不能空泛而论。如：我这一生决心要赚多少钱，成为百万、千万还是亿万富翁；而这意念中要赚多少钱——10万、50万——一定要明确地定下来，不能只停留在"我想拥有许多许多的钱"，仅有这样一点空泛的连小孩子都能做到的想法，你是不可能赚到钱的。

当然，远大的目标，从来就不可能是一朝一夕实现的。俗话说"冰冻三尺，非一日之寒"、"千里之行始于足下"，为了实现远大的目标，你还得建立相应的中期目标与近期目标，由近期目标逐步向中期目标推进，使人切切实实地看到财富的积累，从而增强成功创富的希望，才能达到最终创富的目的。

二是要使志愿保持在一个高尚的层面。

崇高的目标表现在：吸引巨大财富，不排拒财富。但这些目标必须以不破坏社会的法律、社会公德以及不损害他人利益为标准。否则，你的成功不会被人们承认且不说，还将遭到唾弃和正义的惩罚。

事实上。许多真正凭借强大愿力而获取巨大财富的佼佼者，他们在创造财富的同时，是常常乐意与别人分享成功的愉悦，或者把精神财富如创富意识、理论、思想传授于人，或者把物质财富无私地回报社会，他们称之为"壮丽的着迷"。许多值得人们敬仰的大富豪都是如此，足见创富之心是多么纯良与崇高。

明确、高尚的创富志愿，同时需要有无坚不摧的欲望力量的催化。"欲望"即想得到某种东西或达到某种目标的要求。没有坚不可摧的创富欲望或成功欲望，创富者远大的创富目标便永远不可能达到。人的欲望愈强大，目标就愈接近，正如弓拉得愈满，箭头就飞得愈远一样。

在成功的创富道路上，是没有困难和不幸能够阻挡创富的脚步的。有了明确高远的目标，又有火热的、坚不可摧的欲望力量，必然产生坚定有力的行动。一个人只有不畏艰难，不轻言失败，信心百倍，朝着既定目标永不回头，才会在有生之年成功地创造出财富。

第七章

每个人其实都有过机遇

　　古谚说得好，"机会老人先给你送上它的头发，当你没有抓住再后悔时，却只能摸到它的秃头了。"机遇是一个特别会伪装的家伙，它从不会高喊："我来了！"它也许还会乘你打瞌睡时从你身边溜过！你需要做的是时时刻刻做准备，并擦亮眼睛去观察。如果有人错过机会，多半不是机会没有到来，而是因为在等待的过程中没有看见机会到来，而且机会过来时，没有伸手去抓住它。

第一节

机遇曾敲过每个人的门

只有愚者才等待机会，而智者则创造机会。

——培根

当机遇来临时，千万不要因为胆怯而放弃

有个人一天晚上碰到一个神仙，这个神仙告诉他说，有大事要发生在他身上了，他有机会得到很多的财富，在社会上获得卓越的地位，并且娶到一个漂亮的妻子。

这个人终其一生都在等待奇迹的出现，可是什么事也没发生，最后孤独地老死了。当他上了西天，又看到了那个神仙，他对神仙说："你说过要给我财富、很高的社会地位和漂亮的妻子，我等了一辈子，却什么也没有。"

神仙回答他："我只承诺过要给你机会得到财富、受人尊重的社会地位和一个漂亮的妻子，可是你却让这些从你身边溜走了。"

这个人迷惑了，他说："我不明白你的意思。"

神仙回答道："你记得你曾经有一次想到一个好点子，可是因为怕失败而没敢去尝试吗？"这个人点点头。

神仙继续说："因为你没有去行动，这个点子几年后被另外一个人

想到了。你可能记得那个人，他就是后来变成全国最有钱的那个人。还有，你应该还记得，有一次城里发生了大地震，城里大半的房子都毁了，好几千人被困在倒塌的房子里，你有机会去帮忙拯救那些存活的人，可是你却怕小偷会趁你不在家的时候到你家里去偷东西，故意忽视那些需要你帮助的人，而只是守着自己的房子。"这个人不好意思地点点头。

神仙说："那是你去拯救几百个人的好机会，而那个机会可以使你在城里得到多大的荣耀啊！"神仙继续说，"你记不记得有一个头发乌黑的漂亮女子？那个你曾经非常强烈地被吸引、你从来不曾这么喜欢过、之后也没有再碰到过像她这么好的女人，可是你想她不可能会喜欢你，更不可能会答应跟你结婚，你因为害怕被拒绝，就让她从你身旁溜走了。"

这个人又点点头，可是这次他流下了眼泪。

神仙说："我的朋友啊！就是她！她本来应是你的妻子，你们会有好几个漂亮的小孩，而且跟她在一起，你的人生将会有许许多多的快乐。"

成功的人生，始于准确地判断并抓住机会

有一个创业的年轻人在遭受了几次挫折后，有点灰心了，很茫然地依靠在一块大石头上，懒洋洋地晒着太阳。这时，从远处走来了一个怪物。

"年轻人！你在做什么？"怪物问。

"我在这里等待时机。"年轻人回答。

"等待时机？哈哈……时机是什么样，你知道吗？"怪物问。

"不知道。不过，听说时机是个神奇的东西，它只要来到你身边，那么，你就会走运，或者当上了官，或者发了财，或者娶个漂亮老婆，或者……反正，美极了。"

"嗨！你连时机什么样都不知道，还等什么时机？还是跟着我走吧，让我带着你去做几件于你有益的事！"怪物说着就要来拉年轻人。

"去去去，少来这一套！我才不会跟你走呢！"年轻人不耐烦地说。

怪物叹息着离去。

一会儿，一位长髯老人（我们常说的时间老人）来到年轻人面前问："你抓住它了吗？"

"抓住它？它是什么东西？"年轻人问。

"它就是时机呀！"

"天哪！我把它放走了！"年轻人后悔不迭，急忙站起身呼喊时机，希望它能返回来。

"别喊了。"长髯老人接着又说，"我来告诉你关于时机的秘密吧。它是一个不可捉摸的家伙。你专心等它时，它可能迟迟不来，你不留心时，它可能就来到你面前；见不着它时你时时想它，见着了它时，你又认不出它；如果当它从你面前走过时你抓不住它，那么它将永不回头，这时你就永远错过了它！"

它曾敲过你的门，但是你没有迎接它

生活中，总有那么一些人常常哀叹命运的不公，说上天没有赋予自己良好的发展机遇。其实不然，上天对待每一个人都是公平的，在给予别人机遇的同时，也在给予你同样的机遇。也许，那些机遇的到来并不是那么明朗，完全是在你没有预料的情况下意外出现的，这个时候，能否获得成功，关键就在于你捕捉机遇的能力了。

有一个人在洪水来临时，被困在了阁楼里。当洪水上涨到他周围时，他虔诚地祷告，希望上帝来救他。"上帝会救我的。"他对自己说。很快来了一艘船，船主叫这个人游到船边来。"别担心我，"他说，"上帝会来救我的。"船上的人很不情愿地把船划走了。

洪水在继续上涨，并且很快就要淹过他的膝盖，离阁楼不远处又来了一艘船，船上的救生员大声地喊这个人上船，但他仍然回答道："上帝会来救我的。"他更加虔诚地祷告。就在洪水淹到他的下巴时，第三艘船划了过来，而且划到了他可以跳上船的距离，但这个人仍然大叫着说："不要管我，上帝会来救我。"

几分钟之后，洪水淹没了他的头。当他进入天堂之后，立刻要求见上帝。他谦恭地问道："上帝，我在人间的工作尚未完成，你为什么不救我？"上帝一脸愕然，很纳闷地说："哎呀，我还以为你想来这儿呢，我已经派 3 艘船去了，不是吗？"

第二节

机遇也会藏起来

> 机遇只青睐有准备的头脑。
>
> ——巴斯德

道听途说，也许蕴藏着商机无限

现在我们身处信息时代，信息就是我们创业的基础。好多人以为抓住了信息就等于抓住了成大事的机遇，却忽略了获得信息之后还要对信息进行消化这样一个细节。

金娜娇,京都龙衣凤裙集团公司总经理,下辖9个实力雄厚的企业,总资产已超过亿元。她的传奇之处在于她由一名曾经遁入空门、卧于青灯古佛之旁、皈依释家的尼姑而涉足商界。

也许正是这种独特的经历,才使她能从中国传统文化中寻找到契机;她那种孜孜以求的精神又使她抓住了一次又一次的人生机遇。

1991年9月,金娜娇代表新街服装集团公司在上海举行了隆重的新闻发布会。在返往南昌的回程列车上,她获得了一条不可多得的信息。

在和同车厢乘客的闲聊中,金娜娇无意间得知清朝末年一位员外的夫人有一身衣裙,分别用白色和天蓝色真丝缝制,白色上衣绣了100条大小不同、形态各异的金龙,长裙上绣了100只色彩绚烂、展翅欲飞的凤凰,被称为"龙衣凤裙"。金娜娇听后欣喜若狂,一打听,得知员外夫人依然健在,那套龙衣凤裙仍珍藏在身边。虚心求教一番后,金娜娇得到了员外夫人的详细地址。

这个意外的消息对一般人而言,顶多不过是茶余饭后的谈资罢了,有谁会想到那件旧衣服还有多大的价值呢?知道那件"龙衣凤裙"的人肯定很多很多,但究竟为什么只有金娜娇就与之有缘呢?用上帝偏爱金娜娇来解释显然没有道理。重要的在于她"懂行",在于她对服装的潜心研究,在于她对服装新品种的渴求,在于她能够立刻付诸行动。

金娜娇马上改变行程,马不停蹄地找到那位近百岁的员外夫人。作为时装专家,当金娜娇看到那套色泽艳丽、精工绣制的龙衣凤裙时,也被惊呆了。她敏锐地感觉到这种款式的服装大有潜力可挖。

于是,金娜娇来了个"海底捞月",毫不犹豫地以5万元的高价买下这套稀世罕见的衣裙。机会抓到了一半,把机遇变为现实的关键在于开发出新式服装。

一到厂里,她立即选取上等丝绸面料,聘请苏绣、湘绣工人,在那套龙衣凤裙的款式上融进现代时装的风韵。功夫不负有心人，历时一年，设计出了当代的龙衣凤裙。

在广交会的时装展览会上，"龙衣凤裙"一炮打响，国内外客商如潮水般涌来订货，订货额高达 1 亿元。

就这样，金娜娇从"海底"捞起一轮"月亮"，她成功了！从中国古典服装开发出现代新型式服装，最终把一个"道听途说"的消息变成了一个广阔的市场。

现代社会信息爆炸，每天各种有用无用的信息扑面而来，机遇也隐藏在其中。对于现代人则需要迅速做出判断，抓住机遇女神的双手，而不让其白跑一趟。

勇于突破经验，才能笑到最后

日本西武集团的总裁堤清二先生曾有过一件广为流传的逸事。

堤先生有一次了解到集团中有一家经营面包的商店生意不太景气，便指示它换一个面包的生产厂家。于是该商店的负责人就把一直经营着的甲厂面包换成了乙厂生产的面包，结果商店每天的营业额顿时大为提高。西武集团的其他干部得知这一变化后，便打算效仿此法，把西武集团中所有经营甲厂面包的商店统统换成经营乙厂的面包。堤先生听到他们的打算后十分生气，他说："你们真是一点也不懂做生意的要领。既然你们要把卖甲厂面包的商店都换成卖乙厂的面包，那么你们同时也要把卖乙厂面包的商店都换成卖甲厂的面包吧。"

按照堤先生的指示，他们把面包店的供货厂家都作了调整，结果不论是甲厂换成乙厂，还是乙厂换成甲厂，销量都有不同程度的提高。原来，并不是这两家面包厂的产品在味道上或质量上有什么差别，只是顾客喜欢图新鲜罢了。

在这件事情中，前例的成功有两种不同的理解：一种是把甲厂的面包换成乙厂生产的；另一种是更换面包供应厂家。

西武集团的干部们并没有思考"为什么"，只是简单地把成功的原因理解为前者，所以要把所有经营甲厂产品的商店都换成乙厂的产品。但堤先生对"顾客厌倦老吃同一家的面包"的实情有所洞察，所以做出了都要更换的指示。

堤先生之所以生气，是针对部下不考虑事情的真实原因，只是简单地轻信前例。过去的经验之所以成功，必定是有其原因的。

财富总与大胆的人站在一起。经验不等同于智慧，要重视经验，更要学会鉴别经验的优劣、真伪。

时机一旦合适，要能做到"痛下决心"

美国第 6 任总统亚当斯是一个令记者头痛的人物，他从来不愿轻易表露自己的观点，往往使很多记者失望而去。有位叫安妮·罗亚尔的女记者一直很想了解总统关于银行问题的看法，可屡次采访都没有结果。

后来她了解到总统有个习惯，喜欢在黎明前一两个小时起床、散步、骑马或去河边裸泳。于是她心生一计。

一天，她尾随总统来到河边，先藏身树后，待亚当斯下水以后便坐在他的衣服上喊道："游过来，总统。"

亚当斯满脸通红，吃惊地问道："你要干什么？"

"我是一名女记者。"她回答道，"几个月来我一直想见到你，就国家银行的问题作一次采访。可是你从来不给我这个机会，现在我正坐在你的衣服上。你不让我采访就别想得到它，是回答我的问题还是在水里待一辈子，你自己选吧。"

亚当斯本想骗走女记者，说："让我上岸穿好衣服，我保证让你采访。请到树丛后面去，等我先穿衣服。"

"不，绝对不行，"罗亚尔急促地说，"你若上岸来抱衣服，我就要喊了，那边有3个钓鱼的。"

最后，亚当斯无可奈何地待在水里回答了她的问题。

名誉和地位是总统最致命的地方，在他的心中，好名声甚至比生命还重要。女记者巧妙地利用了这一点，轻而易举地达到了目的。

机会是在纷纭世事之中的许多复杂因子，在运行之间偶然凑成一个有利于你的空隙。

第三节

勇敢地抓住机遇

等到事情有了确定的结果才开始做事的人，永远都不可能成就大事。

——乔治·艾略特

不试不知道，机会女神垂青勇敢的人

英国皇家学会要为大名鼎鼎的琼斯教授选拔科研助手，这个消息让年轻的装订工人法拉第激动不已，赶忙到规定地点报了名。但临近选拔考试的前一天，法拉第却被意外地告知，取消他的考试资格，因为他是一个普通工人。

法拉第愣了，他气愤地赶到选拔委员会去理论，但委员们傲慢地嘲笑说："没有办法，一个普通的装订工人想到皇家学院来，除非你能得到琼斯教授的同意！"法拉第犹豫了。如果不能见到琼斯教授，自己就没有机会参加选拔考试。但一个普通的书籍装订工人要想拜见大名鼎鼎的皇家学院教授，他会理睬吗？

法拉第顾虑重重，但为了自己的人生梦想，他还是鼓足了勇气站到了琼斯教授的大门口。教授家的门紧闭着，法拉第在门前徘徊了很久。

终于，教授家的大门，被一颗胆怯的心叩响了。

门内没有声响，当法拉第准备第二次叩门的时候，门却"吱呀"一声开了。一位面色红润、须发皆白、精神矍铄的老者正注视着法拉第，"门没有锁，请你进来。"老者微笑着对法拉第说。

"教授家的大门整天都不锁吗？"法拉第疑惑地问。

"干吗要锁上呢？"老者笑着说，"当你把别人关在门外的时候，也就把自己关在了屋里。我才不当这样的傻瓜呢。"这位老者就是琼斯教授。他将法拉第带到屋里坐下，聆听了这个年轻人的叙说后，写了一张纸条递给法拉第："年轻人，你带着这张纸条去，告诉委员会的那帮人说我已经同意了。"

经过严格而激烈的选拔考试，书籍装订工法拉第出人意料地成了琼斯教授的科研助手，走进了英国皇家学院那高贵而华美的大门。

恐惧是每个人在自己的成长过程中都会遇到的现象，它常常会限制一个人的自主性，减少生活的欢乐，妨碍个人的成长。不过恐惧又往往会随着我们的行动而减弱，甚至消失，所以没有必要太在意它的存在。

在通往成功的道路上，
到处是被我们错失的机会

有一年，但维尔地方经济萧条，不少工厂和商站纷纷倒闭，被迫低价抛售自己堆积如山的存货，价钱低到 1 美元可以买到 100 双袜子。

约翰·甘布士当时是一家织造厂的小技师。他是一个敢于冒险，善于冒险，最终乘着急流欢乐地往下游驰去的勇敢者。当他把自己的积蓄用于收购低价货物时，人们都嘲笑他是个蠢材！

约翰·甘布士对别人的嘲笑漠然置之，依旧收购各工厂抛售的货物，并租了一个很大的货场来贮货，他妻子劝他，不要再收购这些别人廉价抛售的东西，因为他们历年积攒下来的钱数量有限，而且这笔钱是准备用做子女抚养费的，如果此项生意血本无归，那么后果便不堪设想。

对于妻子忧心忡忡的劝告，甘布士笑着安慰她道：

"3 个月以后，我们就可以靠这些廉价货物发大财。"

甘布士的话似乎兑现不了。

过了 10 多天，那些工厂找不到买主了，便只好把所有存货用车运走烧掉，以此稳定市场上的物价。

妻子看到别人已经在焚烧货物，不由得焦急万分，抱怨起甘布士。对妻子的抱怨，甘布士一言不发。

两个月后，美国政府终于采取了紧急行动，稳定了但维尔地方的物价，并且大力支持那里的厂商复业。

这时，但维尔地方因焚烧的货物过多，存货紧缺，物价一天天飞涨。这时，约翰·甘布士马上把自己库存的大量货物抛售出去，一来能赚一大笔钱，二来使市场得以稳定，不致暴涨不断。

当初他决定抛售货物时，妻子曾劝告他暂时不忙把货物出售，因为物价还在一天天飞涨。

他平静地说：

"是抛售的时候了，再拖延一段时间，就会后悔莫及。"

果然，甘布士的存货刚刚售完，物价便跌了下来。他的妻子对他的远见钦佩不已。

后来，甘布士用这笔赚来的钱开设了5家百货商店，生意非常红火。

如今，甘布士已是全美举足轻重的商业巨子了，他在一封给青年人的公开信中诚恳地说道：

"亲爱的朋友，我认为你们应该重视那万分之一的机会。因为它将给你带来意想不到的成功。有人说，这种做法是傻子的行径，比买奖券的希望还渺茫。这种观点是有失偏颇的，因为开奖券是由别人主持，丝毫不由你主观努力；但这种万分之一的机会，却完全是靠你自己的主观努力去争取的。"

成功者从不因袭他人的脚步，他们要创造属于自己的奇迹。机遇对大众是平等的，造成不平等的结果在于你拥有怎样的一颗大脑。

当机遇来临时，要有抓住它的信心

风烛残年之际柏拉图知道自己时日不多了，就想考验和点化一下他的那位平时看来很不错的助手。他把助手叫到床前说："我需要一位最优秀的承传者，他不但要有相当的智慧，还必须有充分的信心和非凡的勇气。这样的人选直到目前我还未见到，你帮我寻找和发掘一位好吗？"

"好的，好的。"助手很温顺、很诚恳地说，"我一定竭尽全力地去寻找，以不辜负您的栽培和信任。"

那位忠诚而勤奋的助手，不辞辛劳地通过各种渠道开始四处寻找。可他领来一位又一位，却被柏拉图一一婉言谢绝了。有一次，病入膏肯的柏拉图硬撑着坐起来，抚着那位助手的肩膀说："真是辛苦你了，不过，你找来的那些人，其实还不如你。"

半年之后，柏拉图眼看就要告别人世，最优秀的人选还是没有眉目。助手非常惭愧，泪流满面地坐在病床边，语气沉重地说："我真对不起您，令您失望了。"

"失望的是我，对不起的却是你自己。"柏拉图说到这里，很失望地闭上眼睛，停顿了许久，又不无哀怨地说，"本来，最优秀的人就是你自己，只是你不敢相信自己，才把自己给忽略、给耽误、给丢失了。其实，每个人都是最优秀的，差别就在于如何认识自己、如何发掘和重用自己……"话没说完，一代哲人就这样永远离开了这个世界。

你可以敬佩别人，但绝不可忽略自己，你也可以相信别人，但绝不可以不相信自己。每个向往成功、不甘沉沦者，都应该牢记柏拉图的这句至理名言："最优秀的人就是你自己！"